DAS RECHNEN DER NATURVÖLKER

VON

EWALD FETTWEIS

Springer Fachmedien Wiesbaden GmbH 1927

ISBN 978-3-663-15599-7   ISBN 978-3-663-16172-1 (eBook)
DOI 10.1007/978-3-663-16172-1
Softcover reprint of the hardcover 1st edition 1927

VORWORT

Vorliegende Arbeit will eine Darstellung und Analyse des Rechnens der
Naturvölker geben, um dadurch einerseits der Entscheidung gewisser
strittiger Fragen der psychologisch begründeten Rechenmethodik zu dienen, andererseits einer Korrektur gewisser Urteile über die Rechenkunst
und im Anschluß daran über die geistige Veranlagung der Naturvölker.

Die Arbeit setzt demnach zweierlei voraus, nämlich Kenntnis der im
Rechenunterricht der Grundschule angewandten Methoden und Kenntnis
der Literatur über das Rechnen der Naturvölker. Die Kenntnis der im
Rechenunterricht angewandten Methoden habe ich mir sowohl durch
direkte Beobachtung wie durch literarisches Studium erworben. Ich kann
mich für meine Angaben über die im Rechenunterricht der Grundschule
angewandten Methoden vor allem auch auf das Werk von Dr. Walter
Lietzmann „Stoff und Methode des Rechenunterrichts in Deutschland
(Abhandlungen über den mathematischen Unterricht in Deutschland veranlaßt durch die Internationale Mathematische Unterrichtskommission
herausgegeben von Felix Klein, Bd. V, Heft 1), Leipzig und Berlin,
Teubner 1912" berufen. Der Forderung nach Kenntnis des Rechnens der
Naturvölker habe ich durch Vertiefung in die einschlägige ethnologische
und linguistische Literatur zu genügen gesucht. Bei Entscheidung der
Frage, welche Völker als Naturvölker herangezogen werden können,
stützte ich mich auf die Völkerkunden von Dr. Friedrich Ratzel, Leipzig,
Verlag des Bibliographischen Institutes, 1. Band 1885, 2. Band 1886, und
Dr. Georg Buschan, Stuttgart, Verlag von Strecker und Schröder,
2. Auflage, 1. Band 1922, 2. Band 1923. 3. Band 1926. Auf Grund er-
reichbarer Literatur sind dann folgende Völkerfamilien bzw. Einzelvölker
berücksichtigt worden:

1. Nordamerika und Nordmexiko: Eskimo, Algonkin, Irokesen, Sioux,
Maskoki, Käddo, Athapasken, Wakasch, Selisch, Schoschonen, Yuma sowie vereinzelte Pima-Naua-Stämme.

2. Mittelamerika: Misquito und vereinzelte Stämme aus der Gegend von
Panama.

3. Südamerika: Karaiben, Betoya, Aruak, Ges, Tupi, Pano, Guaikuru,
Tehueltsche, Araukaner und vereinzelte Chibcha-Stämme.

4. Afrika: Pygmäenstämme, Hottentotten, Neger mit Bantusprachen, Neger mit Sudansprachen, Osthamiten, Nilotohamiten sowie vereinzelte Stämme der Westhamiten und die Haussa.

5. Australien und Ozeanien: Australneger, Tasmanier, Völker mit melanesischer, Völker mit polynesischer und Völker mit mikronesischer Kultur.

6. Asien: Die Aino, gewisse Völker mit altsibirischen, ural-altaischen, dravidischen, Munda- und tibeto-burmanischen Sprachen, weddale Stämme, die Bewohner der Nikobaren, Einzelstämme aus Kambodscha, zu den Negritos rechnende Stämme, primitivmalaiische und altmalaiische Stämme.

Um lästige Wiederholungen zu vermeiden, habe ich der Gliederung der Arbeit die Gesichtspunkte zugrunde gelegt, die für die Analyse der Rechenkunst der Naturvölker in Frage kommen (vgl. Inhaltsverzeichnis).

Düsseldorf, Pfingsten 1927.

Ewald Fettweis.

INHALTSVERZEICHNIS

ERSTES KAPITEL

ANSATZMÖGLICHKEITEN FÜR DIE ENTWICKLUNG DER RECHENKUNST, ANTRIEBE UND HEMMNISSE

Es gibt Forscher, die den Anfang aller Mathematik in der Zahlenmystik sehen. Der amerikanische Professor McGee schrieb, wie die Chemie aus der Alchemie und die Astronomie aus der Astrologie, so sei die Mathematik aus der „Almakabala" entstanden.[1] Tatsächlich ist ja die Zahlenmystik bei Kultur- und Naturvölkern weit verbreitet. Eine Äußerung der Mystik der Zahl 2 in Australien soll nach McGee die Einteilung vieler Stämme in zwei Hauptabteilungen oder Phratrien sein. Jede Phratrie zerfällt wieder in zwei, vier oder acht Heiratsklassen.[2] Die Arunta in Zentralaustralien glauben nach McGee, der Seelenschatten, der jeden Menschen begleitet, sei zweifach vorhanden.[3] Wenn man bei den Yorubanegern in Westafrika einem Mann drei Dinge gibt, so heißt das soviel wie „ich hasse dich".[4] Auch in Ost- und Zentralsumatra gilt 3 als Unglückszahl und bedeutet Feindschaft. Wenn die Sakai einem Nachbarstamm eine Botschaft schicken wollen, so wickeln sie etwas Tabak in ein Baumblatt und binden es mit einer Bastschnur zu. Hat die Schnur drei Knoten, so heißt das Aufkündigung der Freundschaft.[5] Bei den Mossi im Sudan ist 3 den Männern geweiht, 4 den Frauen, 3 spielt bei der Trauer um ein männliches Mitglied des Stammes eine Rolle, 4 bei der Trauer um ein weibliches.[6] Nach Angabe von Rasmussen trauern auch bei gewissen Eskimostämmen Nordalaskas die Angehörigen beim Tode eines Mannes drei Tage, beim Tode einer Frau vier Tage.[7] Die Zahl 4 tritt bei fast allen Naturvölkern hervor. Der berühmte oft abgebildete Büffeltanz der Mandanenindianer wurde am ersten Jagdtag viermal aufgeführt, nach jeder Himmelsrichtung hin einmal, am zweiten Jagdtag zweimal viermal, nach jeder Himmelsrichtung hin zweimal, entsprechend am dritten Jagdtag dreimal viermal und am vierten Jagdtag viermal viermal.[8] Die Bedeutung der Zahl 4 soll von der Konstatierung der vier Himmelsrichtungen herrühren. Die Hinzunahme des Standpunkts der eigenen Persönlichkeit zu den vier Himmelsrichtungen

---

[1] McGee I, S. 826.   [2] Buschan I, S. 9, 10.   [3] McGee I, S. 838.   [4] Dennett, S. 243.   [5] Moszkowski I, S. 654.   [6] Mangin, S. 210.   [7] Woche 1925, Heft 35. [8] Lévy-Bruhl, S. 243.

hätte dann angeblich zur mystischen Zahl 5, die Hinzunahme von oben und unten zu den mystischen Zahlen 6 und 7 geführt.[1] Die Alfuren der westlichen Hälfte der Molukkeninsel Ceram zerfallen in die Patalima und die Patasiwa. Lima heißt 5, siwa heißt 9. Bei den ersteren ist 5 eine heilige Zahl, bei den letzteren 9. Weiteres ist darüber nicht bekannt.[2] Die mystischen Zahlen sollen in der Mehrheit der Fälle nicht über 12 hinausreichen. Was nun die Möglichkeit, damit zu zählen oder zu rechnen anbelangt, so ist zu sagen, daß sie dafür wenigstens ursprünglich, weil in manchmal recht komplizierte Vorstellungsverbindungen hineinverwoben, gar nicht in Frage kommen. Wenn jedoch von anderer Seite schon eine gewisse Neigung und Fähigkeit zum Beschäftigen mit Zuordnungsprozessen und mit Analyse von Mengen vorhanden ist, die sich dann den mystischen Zahlgebilden zuwendet, so werden dieselben sich auch allmählich immer mehr aus ihren engen Verwebungen lösen und nun umgekehrt zur Förderung der Zahlenkunst beitragen können.

Daß auch loser an die Mystik gebundene Mengenvorstellungen vorkommen, ergibt sich aus den im letzten Kapitel unter anderem Gesichtspunkt zu erwähnenden Mythen und aus Zahlenorakeln.[3]

Als Quelle der Rechenkunst bezeichnen dann weiter manche Forscher eine bei Naturvölkern vorkommende, auf einem starken sinnlichen Gedächtnis beruhende Befähigung, gewisse lebenswichtige Mengen auf einen Blick ohne den Zwang des Abzählens auf ihre Vollständigkeit hin erkennen zu können. Die ältere ethnologische Literatur enthält dafür einige verblüffende Beispiele. Dobritzhofer schrieb im 18. Jahrhundert von den südamerikanischen Abiponen da, wo er über die durch Nahrungsmangel veranlaßten Wanderungen ganzer Stämme berichtete: *„Der lange Zug der reitenden Weiber ist von vorne, von hinten und auf den Seiten von einer unendlichen Menge Hunde wie von Trabanten umgeben. Sobald sie auf dem Pferde sitzen, mustern sie dieselben. Fehlt aus der ungeheuren Schar auch nur ein einziger, so hören sie nicht auf, ihr Né Né Né, womit sie ihren Hunden zu rufen pflegen, aus vollem Hals in einem fort zu schreien, bis endlich alle beisammen sind. Oft verwunderte ich mich darüber, daß sie es gleich bemerken, wenn unter so vielen Hunden auch nur ein einziger abgeht, wiewohl sie nicht einmal zählen können."*[4]

Dem Sinn nach ganz ähnlich schrieb nach Pott zu Beginn des 19. Jahrhunderts der Südafrikaforscher Lichtenstein von den Koossanegern: *„Obgleich sie Zahlwörter haben, zählen sie doch selten danach, und sehr wenige können weiter zählen als 10, ja die mehrsten wissen auch diese niederen Zahlwörter nicht einmal zu nennen. Dessenungeachtet ist ihre Vorstellung von*

---

[1] McGee III, S. 656.　　　[2] Tauern II, S. 165.　　　[3] Müller, S. 374; Graebner IV, Gl., Bd. 96, 1909; Kunike, J. A. f. E., 1923.　　　[4] Dobritzhofer II, S. 143/144.

der Größe einer Herde Vieh so bestimmt, daß nicht ein Stück daran fehlen darf, ohne daß sie es sogleich merkten. Wenn Herden von 400 bis 500 Rindern zu Hause getrieben werden, sieht der Besitzer sie hereinkommen und weiß bestimmt, ob einige fehlen, wieviele und sogar welche. Wahrscheinlich haben sie eine Art zu zählen, bei welcher sie keine Worte brauchen und wovon sie nicht Rechenschaft zu geben wissen, oder ihr Gedächtnis erlangt für diesen einzelnen Gegenstand durch die Übung eine so ungemeine Stärke. Überhaupt ist das Gedächtnis dieser Menschen sehr stark, sofern es in Erinnerung sinnlicher Beschauungen besteht."[1]

Wo sich nun die besprochene Fähigkeit den kleinen im täglichen Leben, z. B. auf dem Markt, ständig vorkommenden Mengen zuwendet, kann sie zu höchst eigenartigen Vorstellungsgebilden führen, die Lévy-Bruhl „Ensembles-Nombres" nennt, so z. B. bei den melanesischen Völkern Neuguineas. Im Motu dort heißt 10 Schweine „bala", 10 Kokosnüsse „varo", im Huba ebendort 10 Schweine „capana", 10 Kokosnüsse „valo", 10 Fische „gewa", 4 Bananen „aqa", 4 Kokosnüsse „rakovu"[2]. Entsprechend war es auf Fidschi und ist es auf den Salomonen. Auf Fidschi hieß 10 Kanoes „bola", 100 Kokosnüsse „koro", 1000 Kokosnüsse „salavo".[3] Bei den Küstenbewohnern der nördlichen Gazellehalbinsel heißt eine Menge von 6 kleineren Muschelschalen „nireit", eine Anzahl von 8 feinen Bambusstreifen, wie sie zum Anfertigen von Fischkörben dienen, heißt „kilak".[4] Es ist nach Steinthal so, als wenn bei uns das Wort Paar sogleich ein Paar ganz bestimmter Dinge oder als wenn das Wort Schock ohne jeden Zusatz an sich schon 60 Eier, das Wort Mandel entsprechend schon ohne weiteres 15 Eier bedeutete. In dem einen Wort werden eben Gegenstand und Anzahl, in der der Gegenstand im Handel und Verkehr vorkommt, zusammengefaßt. Auch hierzu ist zu sagen, daß eine Förderung der tatsächlichen Zahlenkunst durch diese „Haufengebilde" doch nur dann entstehen kann, wenn eine Fähigkeit und Neigung zum Analysieren von Mengen, also eigentlich zur Beschäftigung mit Zahlen, schon von anderer Seite her vorhanden ist. Vielleicht liegt ein derartiger Fall bei den Bewohnern der ehemals deutschen Insel Nauru in Ozeanien vor. Die Bewohner haben eine besonders große Fähigkeit im Schätzen von Mengen und vervollkommnen diese mit Absicht. Sie üben sich durch Muschelspiele, bei denen sie schließlich 100 Stück auf einen Blick schätzen können. Besonders sollen auch Frauen darin sehr geschickt sein.[5] Was all diesen Erscheinungen zugrunde liegt, ist eine überraschend große Befähigung des Naturmenschen, Räumliches scharf aufzufassen und im Gedächtnis festzuhalten. Manchmal kommt seine persönliche Bekanntschaft mit jedem einzelnen

---

[1] Pott I, S. 17.　　[2] Ray I, S. 475.　　[3] Lévy-Bruhl, S. 220.　　[4] Parkinson, S. 733.
[5] Brandeis, S. 78.

Element der Menge ihm zu Hilfe. Binet hat in Versuchen mit vorschulpflichtigen Kindern, wie Katz angibt, ähnliches gefunden. Auch sie wußten Mengen nach dem von ihnen eingenommenen Raum der Größe nach scharf zu scheiden. Während beim Naturmenschen diese Fähigkeit sich durch viele Generationen andauernde Übungen immer mehr verstärkt hat, ist sie beim Kulturmenschen infolge seines überwiegenden Arbeitens mit Abstraktionen verkümmert. Bei Frauen soll übrigens auch bei uns diese Fähigkeit noch größer sein als bei Männern. Bei der scharfen, ohne Zählen erfolgenden Feststellung, daß an einer bekannten großen Menge Glieder fehlen, spielt wohl auch das Lippssche Gesetz der Stauung eine Rolle.

Den schwerwiegendsten Antrieb und zwar den ausschlaggebenden zur Entwicklung scheint mir nun aber doch die Rechenkunst bei den Naturvölkern von den Bedürfnissen des praktischen Lebens her zu erhalten. Es läßt sich klar und deutlich erkennen, daß Naturvölker mit aus irgendeinem Grund geringen Lebensbedürfnissen oder Völker, die sich nicht anzustrengen brauchen, um den Lebensunterhalt zu gewinnen, auch im allgemeinen die Zähl- und Rechenkunst nicht hoch entwickelt haben, daß aber bei einem Volk, wenn die Lebensbedürfnisse wachsen oder wenn der Lebensdruck zunimmt, das Volk diesem Druck aber nicht ohnmächtig nachgibt, auch die Rechenkunst sozusagen ganz von selbst zu wachsen beginnt. Die Krähenindianer Nordamerikas brachten nach Angabe des Sprachforschers Hayden die Abhängigkeit der Rechenkunst von den Lebensbedürfnissen dadurch zum Ausdruck, daß sie sagten, anständige Leute hätten zum Gebrauch höherer Zahlen als 10 keine Gelegenheit.[1] Von den Athapasken — Montagnais Kanadas schrieb 1919 P. Le Goff, O.M.J.: „*Les Montagnais étaient primitivement en fait de calcul tout ce qu'on peut imaginer de plus arriéré. Ils ne savaient compter que sur leurs doigts, comme en témoignent, du reste, quelques uns de leurs nombres. Les choses ont bien changé. Non seulement ils ne comptent plus sur leurs doigts, mais ils ont calcul mental à eux qui leur permet d'expédier un compte assez lestement. Bref, autant ils étaient arriérés et empêtrés dans leurs calculs et leurs marchés, autant ils sont aujourd'hui devenus débrouillards. Ils le sont même trop, au gré de quelques uns. Et de fait, en général, même ceux qui n'ont été à aucune école, se laisseront aujourd'hui malaisément rouler par le plus finaud des marchands.*"[2]

Der Jesuitenpater J a k o b B a e g e r t schrieb von gewissen auf sehr niedriger Kulturstufe stehenden kalifornischen Indianern: „*Die Kalifornier kennen sehr wenig von der Arithmetik, einige von ihnen sind außerstande, weiter als 6 zu zählen, während andere nicht über 3 zählen können, insofern*

---

[1] Pott II, S. 64.   [2] Anthropos XIV/XV, S. 1168.

wenigstens als keiner von ihnen sagen kann, wieviel Finger er hat. Sie besitzen nichts, was wert wäre, gezählt zu werden, und daher ihre Gleichgültigkeit. Es ist ganz das gleiche für sie, ob das Jahr 6 oder 12 Monate hat und der Monat 3 oder 30 Tage, denn jeder Tag ist bei ihnen ein Feiertag. Sie kümmern sich nicht darum, ob sie 1, 2 oder 12 Kinder haben, oder überhaupt keins, da 12 Kinder ihnen nicht mehr Ausgaben oder Aufregung bereiten als 1 und das Erbe nicht verringert wird durch eine Mehrheit von Erben. Jede Zahl über 6 drücken sie in ihrer Sprache durch „viel“ aus, indem sie es ihrem Beichtvater überlassen auszumachen, ob diese Zahl 7, 70 oder 700 beträgt.“[1]

In der Gegend der Beringstraße konnten nach Nelson schon vor 50 Jahren infolge des dort zwischen den Eingeborenenstämmen herrschenden lebhaften Handels die meisten Eskimoknaben zwischen 10 und 12 Jahren, obwohl sie nie eine Schule besuchten, Gegenstände bis 100 und darüber hinaus richtig abzählen.[2]

Thurnwald schrieb 1910 über die Bewohner von Bougainville in Ozeanien, daß natürlich bei solchen Stämmen, die Geld haben und in gewissem Maß Handel treiben, das Zählen ausgebildeter sei als bei anderen. Er traf sogar in einzelnen Dörfern neben Personen, die nicht über 20 kamen, andere, die imstande waren, mit Überlegung bis 10000 hinauf zu gelangen.[3] Mansfeld schreibt, bei den Crossflußnegern Kameruns könne als obere Rechengrenze 3000 gelten, da dies die Zahl der Jams sei, die ein großes Kanoe zur Verfrachtung stromabwärts mitnehmen könne.[4] Nach Graebner entspricht es der kommerziellen Begabung der Eingeborenen der Santa-Cruz-Inseln, daß sie leicht bis 100000 zählen.[5]

Nicht nur das Ergebnis der unter dem Einfluß der Bedürfnisse des praktischen Lebens erfolgenden Entwicklung der Zähl- und Rechenkunst läßt sich feststellen, sondern an manchen Stellen hat man auch noch die in Fluß befindliche Entwicklung selbst beobachten können. Nach Parker zählen die Dorfwedda Ceylons ohne Schwierigkeit. Die Vorfahren vieler Dorfwedda vor 60 Jahren waren aber noch wilde Waldwedda[6], und bei diesen ist die Zählkunst sehr gering. Von einer gewissen später zu besprechenden Zählmethode am Körper, wie sie den Papua Neuguineas und den Bewohnern der Torresstraße eigen ist, berichtete schon 1898 die Cambridge-Expedition, daß sie auf den westlichen Inseln der Torresstraße „nur noch den ganz alten Leuten bekannt war“.[7] Von einer Zählmethode der Kukurukuneger in Nigerien, die sich auf 20, 80 und 800 stützt, schrieb 1915 der Missionar Eugen Strub, daß „nur noch die alten Leute sich ihrer bedienen“.[8] Fabry beschrieb 1907 im Globus ein Zweiersystem

---

[1] McGee II, S. 304/305. [2] Nelson, S. 236. [3] Thurnwald III, S. 143. [4] Mansfeld, S. 245. [5] Graebner I, S. 115. [6] Parker, S. 85/87. [7] Ray I, S. 47. [8] Strub, S. 458.

der Wapogoro in Deutsch-Ostafrika, bemerkte aber dazu, „daß sich heute bei manchen intellektuellen Wapogoro ein Dezimalsystem mit hohen Zahlen als bedeutender Fortschritt der Kultur und des gesteigerten Verkehrs ausgebildet hat"[1], und von den Ewenegern in Westafrika schreibt Westermann, daß sich neuerdings bei ihnen neben einem älteren Zwanzigersystem ein Zehnersystem ausgebildet hat, „das sich von den Körperteilen, vom sinnlichen Gegenstand überhaupt emanzipiert hat und wirkliche Zahl ist".[2] Nelson konnte bei den Unaliteskimo vor 50 Jahren die merkwürdige Erscheinung der allmählichen Entstehung neuer Zahlworte beobachten. Wenn die Unaliteskimo mit Hilfe der Finger und Zehen zählten, so sprachen sie beim Übergang von 10 nach 11, also beim Übergang zum Zählen an den Füßen, „es geht nach unten", beim Übergang vom rechten Fuß zum linken, also von 15 nach 16, „es geht hinüber". Während nun damals die einfältigeren nach diesen Sätzen noch die eigentlichen Bezeichnungen für 11 bzw. 16 sagten, wurden von den intelligenteren schon allein die erwähnten Übergangsbezeichnungen nicht nur für den Übergang, sondern auch zur Bezeichnung von 11 und 16, also als Zahlworte benutzt. Oft wurden sie auch schon für 11 und 16 gebraucht, wenn irgendwelche Objekte ohne Hilfe der Finger und Zehen abgezählt werden sollten. Sie waren also im Übergang zu regelrecht anerkannten Zahlworten.[3] Es handelt sich hier um einen Akt psychophysischer Ökonomie. Je öfter und infolgedessen je schneller der Übergang zu den Füßen bzw. von einem Fuß zum andern vollzogen wird, um so mehr richtet sich die Aufmerksamkeit dabei auf die stets sich gleich bleibende Zehe, zu der übergegangen wird. Schließlich wird bei dem ganzen Übergangsakt diese Zehe die Hauptsache. Es assoziiert sich dann ganz von selbst mit ihr allmählich der Ausdruck, durch den erst nur der Übergang markiert werden sollte. Und assoziiert er sich mit der betreffenden Zehe, so wird er sich auch allmählich mit der Zahlvorstellung assoziieren, die mit der Erreichung dieser Zehe gemeint ist. Eine Notwendigkeit, den ursprünglich diese Zahlvorstellung bedeutenden Ausdruck noch zu sprechen, liegt nicht mehr vor, und er fällt von selbst aus. Daß dann weiter die ursprünglich den Übergang markierenden Ausdrücke auch als Zahlbezeichnungen benutzt werden, wenn ohne Hilfe der Finger und Zehen gezählt wird, ist, nachdem die Sache einmal soweit, nichts Besonders mehr. Eine ähnliche Beobachtung wie Nelson machte der Missionar Condon bei den Basoga-Batamba in Uganda; sie sagten für 2 „ibiri", für 10 „amakumi", für 20 dann eigentlich „amakumi abiri". Das Wort „amakumi" wird aber fast immer weggelassen, da man schon an der Umänderung des i von „ibiri" in a hinreichend erkennt, daß zwei Zehner, also 20, gemeint ist. Entsprechend ist es mit 30, 40, 50.[4]

---

[1] Fabry, S. 224.   [2] Westermann, S. 127.   [3] Nelson, S. 237.   [4] Condon, S. 369.

Eine gewisse mystische Neigung des Naturmenschen kann nun aber auch störend auf die Entwicklung der Rechenkunst einwirken oder sie in eigenartige Bahnen lenken. — So findet sich z. B. bei den Hamiten nach Marianne Schmidl die gleichfalls bei den Semiten und Indogermanen auftretende Scheu vor der Zählung von Menschen und wertvollem Besitz.[1] Weiter kann die bei manchen Völkern herrschende Sitte, aus der Sprache für mehrere Jahre ein Wort fallen zu lassen, welches an den Namen einer kürzlich verstorbenen Person erinnert, das Zählen störend treffen. Bei den Awalama, einem melanesischen Volksstamm in Britisch-Neuguinea, wurde nach einer schriftlichen Mitteilung des Rev. Copland King an Sidney H. Ray infolge eines Todesfalles eines Tages der Ausdruck für 6, der ganz verständlich „an der anderen Hand eins" hieß, durch das dem Sinn nach unverständliche „am Finger eins" ersetzt.[2] Die Savaras in Südindien rechnen nach einer Art von noch zu besprechendem Zwölfersystem und erklären, dies komme daher, daß eines Tages, als Angehörige ihres Stammes auf dem Feld beim Getreidemessen über das zwölfte Maß hätten hinauszählen wollen, ein Tiger sie alle aufgefressen habe. Seitdem wagten sie nicht mehr über 12 hinaus zu zählen.[3] Änderungen der Sprache und damit evtl. auch der Zahlworte scheinen bei Naturvölkern übrigens auch sonst noch vorzukommen. Die Angehörigen des um die Mitte des vorigen Jahrhunderts mächtigen, jetzt ausgestorbenen Hapaastammes auf der Markesasinsel Nukuhiva in Ozeanien beschlossen eine Umänderung ihrer Sprache, weil sie sich dadurch belästigt fühlten, daß die ankommenden Weißen so schnell ihre Sprache verstanden, während ihnen das umgekehrt nicht so leicht gelang. Die Umänderung wurde durch Umstellen, Einschieben, Auslassen oder Zusetzen von Buchstaben erreicht. Statt „e tahi" sagten sie jetzt für 1 „e hati", statt „e ua" für 2 „e nua", statt „e tou" für 3 „e otu", statt „e ha" für 4 „e hana" usw. bis 4000, das statt „ e mano" jetzt „e hamo" hieß.[4] Bei den Inselkaraiben Westindiens existierte neben der Männersprache eine besondere Weibersprache. Die beiden Sprachen unterschieden sich auch in den Zahlworten. Die Männer sagten für 1 „aban", für 5 „laoyagon", für 10 „chonnoucabo raim", die Weiber hingegen für 1 „amoin", für 5 „oucabo", für 10 „chonouacabo"[5]. Wahrscheinlich ist allerdings, daß es sich hierbei nicht, wie man eine Zeit lang behauptet hat, um eine von den Weibern willkürlich getroffene Umänderung handelte, durch die sich diese der Aufmerksamkeit der Männern entziehen wollten, sondern daß die sogenannte Weibersprache die Sprache der Stämme war, von denen die Karaiben sich ursprünglich die Frauen zu rauben pflegten.

---

[1] Schmidl, S. 196. [2] Ray I, S. 467. [3] Hodson, S. 1065. [4] von den Steinen III, S. 120. [5] Pott I, S. 70.

Auch die besprochene Bildung der sog. „Haufenzahlen", bei denen Art und Anzahl der Gegenstände und manchmal noch anderes in einem Wort zusammengefaßt werden, kann unter Umständen verzögernd auf die Entwicklung der Zähl- und Rechenkunst einwirken, nämlich dann, wenn einem bedürfnislosen Volk für die wenigen lebenswichtigen Gegenstände, die es braucht, lauter solche Ausdrücke zur Verfügung stehen. Es hat dann ja gar keine abstrakte Zahlenreihe nötig. Stephan führt einen solchen Fall aus Neupommern an, wo ihm für 12 und 20 das gleiche Zahlwort angegeben wurde.[1]

Die schwerwiegendste Hemmung für die Entwicklung der Rechenkunst kann aber daher kommen, daß der einfache Naturmensch immer im natürlichen Zusammenhang der Dinge seiner Umgebung denkt. Sein Denken ist sozusagen eine Abbildung dieser Zusammenhänge, natürlich so, wie er sie auffaßt, und der Möglichkeiten, die in diesen Zusammenhängen existieren. Der Naturmensch kennt die Wirklichkeiten seiner Umgebung ganz genau und hat ein sehr feines Gefühl für die Möglichkeiten. Zur Beherrschung beider, der Wirklichkeiten sowohl wie der Möglichkeiten innerhalb seiner Lebensbedürfnisse sind aber Zahlen manchmal nur in sehr geringem Maß erforderlich, und deshalb bringt er es dann im Zählen und Rechnen nicht weit. Ein nordamerikanischer Indianer weigerte sich, wie Graebner nach Grünwedel berichtet, den Satz zu übersetzen: „Der weiße Mann hat heute sechs Bären geschossen", weil es unmöglich sei, daß der weiße Mann an einem Tag sechs Bären schieße.[2] Als Thurnwald einem Südseeinsulaner die Größe der Zahl 100 mit Hilfe der Vorstellung von Schweinen klarmachen wollte, erklärte der Mann, soviel Schweine gebe es gar nicht.[3]

Die ablehnende Haltung des Naturmenschen dem nach seiner Ansicht zwecklosen Rechnen gegenüber führt dann auch die ablehnende Haltung herbei, die er oft den Rechenversuchen gegenüber einnimmt, welche Reisende und Forscher mit ihm anstellen und bei denen er für den oberflächlichen Beobachter manchmal einen wenig intelligenten Eindruck macht. Karl von den Steinen schrieb von den Bakaïri in Zentralbrasilien: *„Wenn die Bakaïri über 6 (bzw. 8) zählen sollten, so erinnerten sie mich an Leute, die ohne Interesse Karten spielen oder Rätsel lösen sollen und bald gähnend ausrufen, ach, ich habe für dergleichen gar kein Talent. Sie gähnten auch, und wenn ich sie nötigte, so lachten sie einfältig oder machten ein verdrossenes Gesicht, klagten über „kinaráchu ewáno", was bezeichnend Kopfarbeit oder Kopfschmerz bedeutet und liefen womöglich davon, in jedem Fall streikten sie."*[4]

---

[1] Stephan, S. 206.   [2] Stephan-Graebner, S. 139.   [3] Thurmvald II, S. 274.   [4] von den Steinen. I. S. 407.

Manchmal äußert sich die ablehnende Haltung Forschern gegenüber allerdings auch anders. Als der französische Forscher Labillardière auf der Expedition von d'Entrecasteaux zum Aufsuchen des in der Südsee verunglückten Lapérouse die Tongainsulaner nach ihren Bezeichnungen für die Zahlworte fragte, blieben diese bis 1000 ehrlich. Als Labillardière dann aber die Torheit beging, sie nach den Bezeichnungen für die Stufenzahlen bis 10^{15} zu fragen, banden sie ihm allerlei Possen auf, teils Spottworte, teils Bezeichnungen wie Unsinn, verstandlos, teils Bezeichnungen für obszöne Dinge, und der Ausdruck, den sie ihm für 10^{14} angaben, war nichts anderes als die Aufforderung, das vorher Genannte aufzuessen.[1] Selbst die so mißachteten Botokuden am Rio Doce in Brasilien erklärten dem Prinzen Maximilian von Wied, ob mit oder ohne Absicht wird man allerdings wohl nicht wissen, bei ihnen heiße 1 Kopflaus.[2]

Jedenfalls scheint festzustehen, daß die geringe Entwicklung der Rechenkunst in unserem Sinn, wie wir sie bei manchen Naturvölkern antreffen, nicht ohne weiteres als Zeichen für geringe Intelligenz angesprochen werden darf. Selbst von den Wedda schreibt Seligmann 1911: *"We do not attribute the Vedda inability to count to any lack of intelligence but simply to their having little need to be precise in the matter of number."*[3]

---

[1] W. v. Humboldt-Buschmann, Kawiwerk II, S. 266f. [2] Ehrenreich I, S. 46.
[3] Seligmann, S. 412.

ZWEITES KAPITEL

RECHNEN MIT ANSCHAUUNGSMITTELN UND OHNE ANSCHAUUNGSMITTEL, ZIFFERNSYSTEME

Der von Europas Bildung übertünchte Weiße schaut mit mitleidiger Verachtung auf den armen „Wilden", weil dieser oft bis in seine alten Tage hinein auch die einfachste Rechenaufgabe zwischen 1 und 20 nur mit Mühe und Not an den Fingern zustande bringt. Besitzt er doch selbst die hohe Fähigkeit des sogenannten abstrakten Rechnens. Wenn der Weiße aber so handelt, dann bedenkt er nicht, wie er zu der angeblich so hohen Fähigkeit kam, bedenkt nicht, daß in der Schule, als sein Gehirn im bildungsfähigsten Alter war, geschickte, eigens dazu angeleitete Lehrer zunächst die Grundlagen wie eine feine Maschine in ein Schiff vorsichtig in seinen Kopf hineinbauten, daß dann nahezu sieben lange Jahre an seinem Gehirn eine Art Schmiedearbeit geleistet wurde, um die Nervenbahnen in die für die Ausübung des Rechnens richtige Verfassung zu bringen. Er bedenkt ferner nicht, daß auch bei ihm in mehr als der Hälfte der sieben Jahre die Anschauungsmittel nicht aus dem Schulraum verschwanden, wenn sie auch in immer geringerem Maße gebraucht wurden, bedenkt nicht, daß, nachdem die Anschauungsmittel beseitigt waren, ihm mit mehr oder weniger Einsicht in den Zusammenhang ein Verfahren angeübt wurde, das, weil für einen großen Teil der Rechner nur ein Mechanismus, auch nicht viel besser ist als ein Anschauungsmittel, nämlich der Algorithmus des schriftlichen Rechnens. Und nach all dem ging es dann, wenn nicht ihm, so doch manchem seiner Mitschüler schließlich noch so wie dem Statthalter in Jeremias Gotthelfs: „Leiden und Freuden eines Schulmeisters", wenn es ihm lange nicht zuhanden kam, das schriftliche Rechnen, dann vergaß er es wohl noch immer.

Die ganze besprochene Vorbildung fehlt dem Naturmenschen. Und so rechnen tatsächlich die meisten Naturvölker ausschließlich mit Anschauungsmitteln.

Das wichtigste dieser Anschauungsmittel sind, wie wir später sehen werden, die Finger und die Zehen, eine Tatsache, die man mit Recht denjenigen Didaktikern mahnend entgegenhalten kann, welche neuerdings danach streben, das Rechnen an den Fingern aus dem Unterricht unserer

Sechsjährigen möglichst auszuschalten. Die Papua und gewisse Pygmäenvölker Neuguineas benutzen, wie wir in einem der nächsten Kapitel auseinandersetzen, noch andere Körperteile. Dann folgen an größeren Anschauungsmitteln wohl als wichtigste Kerbhölzer, Knotenschnüre und Stäbchen.

Kerbhölzer sind für fast ganz Amerika nachgewiesen, für weite Distrikte Afrikas und Ozeaniens, in Asien besonders für den Südosten. Bei den Ewe in Westafrika dienen sie zur Zeitrechnung[1], bei den Maori auf Neuseeland[2] und bei den Ainos in Japan[3] zur Markierung wichtiger historischer Ereignisse. Endemann hatte bei den Sotho in Südafrika[4], Koch-Grünberg bei den Indianern in Südamerika[5] Dienstboten, die sich die Tage, Wochen oder Monate ihrer Dienstleistungen durch ebensoviel Kerben in ein Holz merkten. In Südostasien dienen die Kerbhölzer vor allem als Schuldbriefe.[6] Eine eigenartige Ausbildung fand das Kerbholz auf den Nikobaren im Indischen Ozean, wo die Eingeborenen viel mit Zählen der Kokosnüsse zu tun haben. Es wird als 7 cm breites und 50 cm langes rechteckiges Stück aus einem Bambusrohr von etwa 10 cm Durchmesser herausgeschnitten und dann durch viele parallele Längsschnitte bis auf $\frac{1}{4}$ der Länge derart gespalten, daß $\frac{3}{4}$ davon eine Art Rutenbündel bilden. Jeder Zweig des Bündels wird dann von unten nach oben in regelmäßigen Abständen mit Paaren von Einkerbungen versehen, jede Kerbe bedeutet 10 Paar Kokosnüsse.[7]

Die Knotenschnur finden wir in Ozeanien, z. B. auf Hawaii[8], auf den Markesasinseln[9], auf Neuguinea[10], auf Lifu[11] und auf Jap[12], in Asien vor allem im Südosten[13], auf den Molukken, auf Timor, Aru, Ceram, Kei, Buru, Celebes und bei den Redjang und Batak auf Sumatra, dann aber auch z. B. bei den Lhota Naga in Assam[14] und bei den Ainos in Japan.[15] In Nordamerika finden wir die Knotenschnur bei den Zuni[16], in Südamerika bei den Karaiben[17], bei den Indianern und Buschnegern Guayanas[18] und bei den Araukanern.[19] (Die hochentwickelte Knotenschnur im Kulturland Peru wird hier nicht behandelt.) Die Art der Benutzung ist im wesentlichen die gleiche wie beim Kerbholz. Auf Jap wurde sie in deutscher Zeit von den einheimischen Beamten bei der Volkszählung gebraucht. Die Anzahl der Knoten gab die Zahl der Bewohner eines Ortes überhaupt an, Knoten mit durchgezogenen Rohrstäbchen bedeuteten Männer.[20] Der Buschneger in Surinam erhält von seinem Häuptling, wenn er die Küste

[1] Spieß, S. 173.   [2] Ratzel II, S. 132.   [3] Brand, S. 29.   [4] Endemann, S.44.
[5] Koch-Grünberg II, S. 298.   [6] Buschan II, S. 907.   [7] Svoboda, S. 198.
[8] Ratzel II, S. 132.   [9] v. Luschan, S. 23.   [10] van Hasselt, S. 201.   [11] Ray II,
S. 271.   [12] Müller, S. 126.   [13] Buschan II, S. 907, A. XIV/XV, S.1154.   [14] Witter,
S. 26.   [15] Brand, S. 29.   [16] Cushing, S. 301.   [17] Pott II, S. 68.   [18] Joest. S. 94.
[19] Buschan I, S. 420f.   [20] Müller, S. 126.

besuchen will, als Urlaubspaß eine Schnur, die ebensoviel Knoten hat, wie er Tage wegbleiben darf. Das Gegenstück behält der Häuptling zu Hause. Beide lösen jeden Tag einen Knoten auf.[1]

Stäbchen zum Rechnen scheinen vor allem in Afrika viel beobachtet worden zu sein, wir finden sie aber auch in Nordamerika, z. B. bei den Yuki[2] und Odschibwä[3], dann weiter auf den Molukken[4] und auf Sumatra[5], auf Neuguinea[6], in der Torresstraße[7], auf Neuseeland[8] und auf Tahiti.[9] Bei den Ewe in Westafrika schickt der Oberhäuptling im Fall einer Mobilmachung den Unterhäuptlingen Bündel mit Stäbchen. Die Anzahl der Stäbchen bezieht sich auf den Tag, an dem der betreffende Unterhäuptling mit seinen Truppen aufbrechen soll. Der Oberhäuptling erwartet sie nämlich alle zu gleicher Zeit.[10] Sogar der berühmte, 1884 gestorbene Negerkönig Mtesa von Uganda kontrollierte seine Armee mit Hilfe eines Zähl- oder Rechenbretts, auf dem jeder Truppenteil durch ein Stäbchen angegeben war.[11] Ratzels Gewährsmann sah auf einem Gerichtstag bei Gessi in Djur Ghattas altersschwache Bündel von Strohhalmen und Zweigen, durch die angezeigt wurde, wieviel Weiber, Kinder und Kühe die Sklavenhändler weggeschleppt hatten. Zur Anzeige der Kühe als des wertvollsten Besitztums wurden die längsten Stäbchen verwandt.[12] Auf einem Zahltag der Odschibwä zu Odanah in Wiskonsin 1862 brachte jeder Unterhäuptling Holzstäbchen mit, um die Anzahl seiner Angehörigen nachweisen zu können.[13] Als Behrmann auf dem Sepik in Neuguinea Eingeborene für 14 Tage zur Begleitung engagierte, bekam jede der beiden Parteien zur Kontrolle ein Bündel von 14 Stäbchen. Er sowohl wie die Eingeborenen zerbrachen jeden Tag eins der Stäbchen[14], ein Verfahren übrigens, das nach Angabe von Roth auch unter den Indianern Guayanas vorkommt.[15]

Genau so werden nun auch alle möglichen anderen irgendwie handlichen Gegenstände zum Zählen und Rechnen verwandt. Von den Maori werden z. B. Steinchen berichtet[16], aus Afrika Getreidekörner und selbst kleine Schlangenköpfe[17], aus Amerika Getreidekörner, Steinchen und Kakaobohnen.[18] — In Guayana kommt es vor, daß bei Zeitabmachungen beide Parteien ebensoviel Steinchen oder Getreidekörner in eine Flasche legen wie Tage bis zu dem abgemachten Termin verstreichen sollen. Für jeden verstrichenen Tag wird ein Steinchen oder ein Korn herausgenommen.[19] In der Arithmetik weiter fortgeschrittene Neger Togos halten umgekehrt die Anzahl der Tage, die bis zu einem bestimmten Termin ablaufen sollen,

---

[1] Joest, S. 47.   [2] Dixon und Kroeber, A. A. 1907, S. 668.   [3] Andrée I, S. 55. [4] Raffray, S. 150.   [5] Nieuwenhuis, S. 26.   [6] Raffray, S. 150.   [7] Ray I, S. 87. [8] Pollack II, S. 150/151.   [9] Ratzel II, S. 132.   [10] Spieß, S. 174.   [11] Ratzel I, S. 147.   [12] Ratzel I, S. 147.   [13] Andrée I, S. 55.   [14] Behrmann, S. 210/211. [15] Roth, S. 719.   [16] Pollack II, S. 150/151.   [17] Pott I, S. 278.   [18] A. v. Humboldt, S. 210.   [19] Roth, S. 719.

im Kopfe fest, legen aber, offenbar aus einem doch noch vorhandenen Gefühl der Unsicherheit heraus, für jeden verstrichenen Tag ein Korn in einen Behälter, bis die abgemachte Zahl der Tage erreicht ist.[1]

Auf den Fidschiinseln zeigte ein Häuptling dem entsetzten Missionar die Buchführung seines Vaters über die von ihm verzehrten Menschen. Es war ein Haufen von 872 Steinen.[2]

Von den Eingeborenen Neu-Mecklenburgs schreiben Stephan und Graebner: *„Längere Zeiträume werden mit Hilfe von Schweinskiefern bestimmt. Bei allen festlichen Gelegenheiten wird ein Schwein geschlachtet und der skelettierte Kiefer im Junggesellenhause aufgehängt. Dann erinnert man sich: das und das ereignete sich, als dieses Schwein geschlachtet wurde. Der Kalender eines Junggesellenhauses in Kalil bestand aus 130 Schweinekiefern, 4 ganzen Schweineschädeln, 8 Fischschädeln und verschiedenen Schweinsschenkeln und Schulterblättern.“*[3]

Die Notwendigkeit, sich all der beschriebenen Hilfsmittel beim Zählen und Rechnen zu bedienen, wird beim Naturmenschen zum Teil durch das Fehlen der Schrift hervorgerufen, zum Teil durch mangelnde geistige Übung.

Als Nieuwenhuis einem Toradjahäuptling aus Mittelcelebes gegenüber, der vom Kolonialgericht zu einer Strafe von 20 Büffeln verurteilt war, sein Staunen über die Höhe der Strafe ausdrückte, fragte der Häuptling verwundert: „Finden Sie das so hoch?“, war dann aber sehr entsetzt, als er, um sich ein Bild von der Höhe der Strafe zu machen, aus seinem Bethelsack 20 Stückchen Pinangnuß aufzählte, für jeden Büffel eins.[4] Hauptmann Detzner schreibt, daß seine Papuabegleiter, die doch in langem Dienst der Europäer gewesen seien, auf eine Frage, deren Beantwortung nur mit genauer Zahlenangabe möglich war, erst nach längerer Überlegung erwiderten. Man habe dann beobachten können, wie sie unauffällig, meist indem sie die Hände auf dem Rücken verbargen, mit den Fingern dem schwierigen Rechenexempel nachhalfen.[5] Wenn Nelson bei den Unaliteskimo vor 50 Jahren verlangte, sie sollten abstrakt bis 20 oder 40 zählen, wurden die Durchschnittsveranlagten schnell verwirrt, suchten jedenfalls mit den Augen nach einem Hilfsmittel und betrachteten schließlich ihre Hände, ohne allerdings einen sichtbaren Gebrauch davon zu machen.[6] Bei den von Seite 10 bis hierher besprochenen Völkern handelt es sich insofern um eine einfache Entwicklungsstufe auf dem Weg zur abstrakten Zahlvorstellung, als jede Einheit der gemeinten Gegenstände durch eine Einheit der Zählhilfe symbolisiert wird, also um eine vorabazistische Stufe, wie sie in unseren Schulen im Zahlenkreis von 1 bis 10 auftritt. Davor könnte man sich auf noch niedrigerer Stufe Völker stehend denken, welche

---

[1] Spieß, S. 173.   [2] Buschan II, S. 247.   [3] Stephan - Graebner, S. 29.
[4] Nieuwenhuis, J. A. f. E., 1915, S. 27.   [5] Detzner, S. 284.   [6] Nelson, S. 236.

die für sie wichtigen Mengen nicht durch Zählhilfen festhalten, sondern die Haufengebilde, von denen wir im vorigen Kapitel sprachen, direkt im Gedächtnis festlegen, ähnlich wie vorschulpflichtige Kinder und manche Tiere, die auch die Vollständigkeit oder Unvollständigkeit von für sie wichtigen Mengen sofort erkennen.

Ein Fortschritt nach der Seite der Abstraktion hin zeigt sich bei denjenigen Naturvölkern, die dazu übergegangen sind, eine Vielheit von abzuzählenden Gegenständen durch eine Einheit des Anschauungsmittels darzustellen. Diese Stufe entspricht der Stufe des römischen, griechischen und mittelalterlichen Abakus. Sie tritt in unseren Schulen zum erstenmal auf bei der Einführung in den Zahlenkreis von 10 bis 100. Es handelt sich hier um einen Akt geistiger Ökonomie. So holt z. B. der Basuto in Südafrika, wenn er an den Fingern über 10 zählen muß, einen Genossen heran, der durch die Anzahl der von ihm vorgezeigten Finger die Anzahl der Zehner zum Ausdruck bringt, und wenn nötig noch einen Kameraden, der auf dieselbe Art die Hunderter darstellt.[1] Ähnlich verfahren Südseeinsulaner, wenn sie beim Zählen mit Kokosnußstengeln jedesmal nach Vollendung eines Zehners einen kleinen Stengel beiseite legen und jedesmal nach Vollendung eines Hunderters einen großen[2] (vgl. auch S. 22).

Gewisse Völker haben sich auch zum Kopfrechnen aufgeschwungen. Die Maori, die sich auf ihre Rechenkunst viel zugute taten, jedesmal große Freude zeigten, wenn ein Europäer sich in ihrer Gegenwart verrechnete, während sie das richtige Resultat herausbrachten und den Europäer dann aufforderten, er solle doch seine Methode aufgeben und die Maorimethoden annehmen, zeigten schon vor 100 Jahren viel Fähigkeit zum Kopfrechnen.[3] Auch bei den Bewohnern von Neulauenburg und Neupommern[4] wurde schon vor mehreren Jahrzehnten gelegentlich im Kopf subtrahiert, multipliziert und dividiert. Von den Mentaweiinsulanern in Südostasien berichtet Dr. Morris, daß sie über eine Art Quaseleinmaleins verfügen.[5] Die Yorubaneger in Westafrika kannten das Einmaleins schon vor 100 Jahren.[6] Über die Art, wie die Prozesse im Kopf verliefen, scheinen keine Nachrichten vorzuliegen, so daß sich weiter nichts dazu sagen läßt.

Es bleibt nun noch die Frage auf, ob nicht auch Schreiben der Zahlen bei Naturvölkern vorkommt. Striche zur Zahldarstellung werden von Australnegern (vgl. S. 20) und von den Cree in Nordamerika gemeldet, bei welchletzteren sie zu je 10 gleich lang in parallelen Reihen untereinander gesetzt wurden[7], ferner von den Vili im Kongo, die, um 5 darzustellen, regelmäßig 4 Striche nebeneinander machen und den fünften quer darüber setzen[8], schließlich von Ceylon, wo sie im Geschäftsverkehr der

---

[1] Schmidl, S. 180.　[2] Ellis II, S. 424.　[3] Pollack II, S. 151.　[4] Brown, S. 294/298.
[5] Maß I, S. 95.　[6] Pott II, S. 90.　[7] Pott II, S. 53.　[8] Schmidl, S. 197.

Singhalesenhäuptlinge mit den Waldwedda benutzt werden.[1] Bei den Australnegern, den Cree und den Vili wird schon eine Art Rhythmisierung benutzt, um die Übersichtlichkeit zu erleichtern, und man könnte unschwer diese rhythmische Gruppierung als eine Art Vorstufe zur Symbolisierung mehrerer Einheiten der abzuzählenden Menge durch eine Einheit der Zählhilfe betrachten. Von Neupommern und Neulauenburg schreibt Brown, daß außer einem Zeichen für 10 keine Ziffern in Gebrauch waren.[2] — Bei den Munschi in Nigerien hingegen und bei den Zuni in Neumexiko finden wir richtige Ziffernsysteme. Die Munschi stellen alle Zahlen dar mit Hilfe einer dünnen Linie, welche 1, eines Kreises, welcher 10, und einer breiten Linie, mit dem Daumen gemacht, welche 20 bedeutet. Aus diesen Zeichen werden die anderen Zahlen additiv zusammengesetzt.[3] — Die Zuniindianer kommen der römischen Schreibweise der Zahlen noch näher als die Munschi. Sie stellen auf ihren Kerbhölzern die Zahlen mit Hilfe der 1, der 5 und der 10 dar. Die 1 ist eine Kerbe in Gestalt eines vertikalen Striches, die Kerbe für die 5 sieht genau so aus wie die römische Fünf, die Kerbe für die 10 wie die römische Zehn. Mitunter lassen sie auch den einen Strich bei der Fünf weg.[4] Die Kerbholzziffern der Zuni sind nach Cushing nichts anderes als die Bilder ihrer Fingerzahlen. Sie stellten nämlich die Fünf an der Hand dar, indem sie diese mit den Fingern ausstreckten, dabei aber den Daumen von den übrigen 4 fest aneinander gelegten Fingern getrennt hielten. Die Zehn brachten sie dadurch zum Ausdruck, daß sie an jeder Hand die Fünf darstellten, dabei aber die Daumen so kreuzten, daß die Gestalt der römischen Zehn herauskam. Die Kreuzung der Daumen war wesentlich, ohne sie wurde das Zeichen, wie Cushing erfahren mußte, nicht verstanden.[5] Die ziffernmäßige Darstellung der übrigen Zahlen aus den drei angegebenen geschah ebenso wie bei den Römern. — Auf ihren Knotenschnüren stellten die Zuni die Zahlen mit Hilfe dreier Knoten dar. Der einfache Knoten bedeutete 1, ein etwas komplizierterer, der Gestalt nach natürlich genau vorgeschriebener, 5, ein noch komplizierterer, selbstverständlich ebenso genau so vorgeschriebener, 10. Zwei Einerknoten hintereinander bedeuteten 2, ein Fünferknoten mit vorgesetztem Einerknoten war 4, mit nachgesetztem 6, entsprechend war ein Zehnerknoten mit vorgesetztem Einerknoten 9, mit nachgesetztem 11, zwei Zehnerknoten mit nachgesetztem Einerknoten bedeuteten 21 usw.[6] Bei Besprechung des Zahlenschreibens zeigen sich weitere Schritte auf dem Weg zur abstrakten Zahlvorstellung. Bei den Cree, Vili und Munschi ist die Zählhilfe nicht mehr tastbar sondern in der Hauptsache nur noch sichtbar. Bei der Fingergeste der Zuni für 10 und bei dem daraus entstandenen Kerbzeichen hat der Prozeß der Isolation

[1] Seligmann, S. 119/121.   [2] Brown, S. 294.   [3] Judd, S. 5.   [4] Cushing, S. 300.
[5] Cushing, S. 313.   [6] Cushing, S. 301.

gewirkt. Ursprünglich war doch wohl die Hauptsache die Zehnzahl der
Finger, und die Kreuzung der Daumen sollte nur die Zusammengehörigkeit der beiden Fünfergesten darstellen. Dann aber hat sich die Aufmerksamkeit immer mehr auf die Kreuzung konzentriert und zwar so stark,
daß sie bei der Fingergeste das Wesentliche wurde und bei der Kerbung
als einziges übrigblieb.

Die besprochenen Mittel zur Veranschaulichung von Zahlen sind arith-
metischer Natur, es sind aber auch geometrische Methoden zur Veran
schaulichung von Mengen nicht allen Naturvölkern fremd geblieben. Von
den Abiponen schreibt Dobritzhofer: *„Wenn ihrer etliche von den Feldern,
wo sie entweder einige Waldpferde gefangen oder schon zahm gemachte
anderen entwendet haben, nach Hause zurückkehren, so wird kein Abi-
poner die Ankömmlinge fragen: Wieviel Pferde habt ihr nach Haus gebracht?, sondern: Wieviel Raum nehmen die Pferde ein, die ihr nach
Haus gebracht habt? Diese werden nun hierauf antworten: Wenn wir
unsere Pferde alle in eine Reihe hier zusammenstellen, so würden sie diesen
Platz ganz einnehmen; oder: sie reichen von diesem Wald an bis zu dem
Ufer des Flusses. An einer solchen Antwort genügt allen, weil sie daraus
auf die Menge Pferde einen Schluß machen können, wenn sie gleich
deren eigentliche Anzahl nicht wissen.“*[1] Die Abiponen messen also die
Menge der Pferde, nach der gefragt wird, obwohl sie doch eigentlich deren
Zahl angeben wollen, und zwar, wie Katz es so klar ausdrückt, „weil der
Raum, nach dem gefragt wird, sich wahrnehmungsmäßig erfassen läßt,
was mit dem Zahlbegriff nicht der Fall ist“. Das ist es in der Hauptsache
wohl auch, was Steinthal meint, wenn er ganz allgemein erklärt: *„Das
Wesen der Zahl bei den dunklen Völkern scheint mir darin zu liegen, daß sie
weniger zählen als messen, insofern nämlich als sie von dem konkreten gezählten Gegenstand und dessen eigentümlicher Natur niemals oder nicht durchweg absehen, wie wir dies auch etwa beim Messen zu tun pflegen. Ihre Zahlen
sind darum immer an sich schon mehr oder weniger benannte Zahlen und nie
rein abstrakte.“*[2] Belege für den letzten Steinthalschen Satz ziehen sich
durch alle Kapitel der Arbeit.

---

[1] Dobritzhofer II, S. 202/204.   [2] Steinthal, S. 90.

DRITTES KAPITEL

ZÄHLGRUPPEN UND ZÄHLREIHEN

Auf den in unseren Schulen gebräuchlichsten künstlichen Anschauungsmitteln, z. B. auf der Rechenmaschine und auf den Zehner- und Hundertertäfelchen wird den Kindern im Interesse einer schnellen Anpassung an das Zehnersystem die Gruppierung der abzuzählenden Gegenstände nach Zehnern ohne weiteres aufgedrängt. Vielfach findet dabei auf der Rechenmaschine noch eine Einteilung jedes Zehners in zwei Fünfergruppen, auf den Zehnertäfelchen neuerdings eine Einteilung in zwei Vierer und einen Zweier statt, weil man der Ansicht ist, daß unter bestimmten Bedingungen eine Gruppe von 4 Gegenständen noch auf einen Blick als vier ohne den Zwang des Abzählens aufgefaßt werden kann. Wenn, was auch häufig geschieht, Stäbchen oder Steinchen als Anschauungsmittel benutzt werden, ist die Erziehung zur Zehnergruppierung schwerer, da diese beliebig gruppierbar sind. Bei manchen Kulturvölkern, auch schon der ältesten Zeit, ist die Zehn von der Rechenkunst her in alle möglichen anderen Lebensgebiete eingedrungen. Es sei z. B. erinnert an die 10 Gebote und an die 10 in der römischen Gesetzgebung. Bei den Naturvölkern werden, wenn wir von den Körperteilen absehen, wie ich gezeigt habe, nur beliebig gruppierbare Anschauungsmittel verwandt. Die Gruppierungen, die den mehr oder weniger entwickelten Zahlensystemen der Naturvölker zugrunde liegen, sind außerordentlich verschieden, stehen jedoch bei jedem einzelnen Volke fest.

Bei manchen sehr niedrig stehenden Völkern scheint eine Gruppierung überhaupt nicht oder wenigstens nicht mit vollem Bewußtsein hervorzutreten.

Wenn die wilden Waldwedda auf Ceylon sich über die Größe irgendeiner Menge ein Urteil bilden mußten, so ordneten sie jeden dazu gehörigen Gegenstand einzeln einem Stöckchen oder einem Strich auf dem Boden zu und sprachen dabei entweder $1 + 1 + 1 + \cdots$, oder sie sagten bei jeder Zuordnung „ekamai" das ist 1.[1] Entsprechend ordneten die Kaliana, auf die Koch-Grünberg am oberen Orinoko traf, die einzelnen Gegenstände der abzuzählenden Menge den nacheinander aufgezeigten Fingern und Zehen zu und sprachen bei jeder Einzelzuordnung „myakan". Aus der

____

[1] Seligmann, S. 33, S. 412.

Feststellung, bis wo die Zuordnung der Gegenstände auf die Finger und Zehen an diesen reichte, bildeten sie sich ein Urteil über die Größe der Menge.[1] Ähnlich wie bei den Waldwedda ist es auf den Andamanen.[2] — Reihung ausgesprochenster Art und zwar manchmal recht weit reichend, scheint besonders verbreitet zu sein in der Torresstraße, bei den Papua von Neuguinea[3] und bei den von ihnen beeinflußten Völkern, z. B. bei den Goliathzwergen[4], obwohl gerade die Papua für kleinere Mengen über ein Zweiersystem (siehe weiter unten) verfügen. Der Papuahäuptling Silong knickte Hauptmann Detzner gegenüber, um die Menge 8 anzugeben, erst die 5 Finger der linken Hand, dann noch 3 der rechten hintereinander ein. Bei den ersten 2 Fingern sprach er 1, 2, das übrige geschah stillschweigend, indem er nur bei jedem Umknicken mit dem Kopf nickte. Hier zeigt sich schon sehr deutlich, was in späteren Kapiteln noch viel mehr hervortreten wird, die Bedeutung der Zählgeste. Wenn die Zahlworte erschöpft sind, bleibt, wenigstens bei kleineren Mengen, noch immer die Möglichkeit des Zurückgreifens auf die Geste oder Gebärde, ein Beweis dafür, wie falsch es ist, aus dem Fehlen der Zahlworte bei einem Volk ohne weiteres auf das Fehlen der Zahlvorstellungen zu schließen. Bei Silong ist die Gebärde sogar doppelt. Neben einer visuell als Ganzes wahrnehmbaren Menge wird durch das Kopfnicken eine nur in der Zeit verlaufende Reihung erzeugt. Ein Valmanpapua in Nordneuguinea zeigte Hauptmann Friederici die 5 Herde seines Wohnraumes, indem er auf jeden mit der Hand wies und bei jeder Weisung und bei jedem Fingereinbiegen sprach „ein Herd". Hier war also auch die Gebärde doppelt, aber indem bei jeder Geste die konkrete Bezeichnung des Gegenstandes, um den es sich handelt, ausgesprochen wurde, entstand noch eine zweite Reihung akustischer Art.

Auf den östlichen Inseln der Torresstraße ordnete man die einzelnen Gegenstände einer hinsichtlich ihrer Größe zu beurteilenden Menge hintereinander folgenden Körperteilen zu, die man dabei berührte, und deren Namen man aussprach, zunächst den 5 Fingern der linken Hand mit dem kleinen Finger beginnend, dann der Innenfläche des linken Handgelenks. Der siebente Gegenstand wurde dem Rücken des linken Handgelenks zugeordnet. Weiter folgten in der angegebenen Reihenfolge innerer Ellenbogen, Rücken des Ellenbogens, Schulter, Achselhöhle, Schlüsselbeingrube, linke Brustwarze, Nabel, Spitze des Brustbeins, vorderer Teil des Halses, rechte Brustwarze, rechte Schlüsselbeingrube, rechte Schulter, rechte Achselhöhle, rechter innerer Ellenbogen, Rücken des rechten Ellenbogens, inneres Handgelenk, Rücken des Handgelenks usw. bis zum rechten kleinen Finger. So kam man bis 29.[5] Auf den westlichen Inseln der

---

[1] Koch-Grünberg III, S. 458.   [2] Portland, S. 182/183.   [3] Ray I, S. 463.
[4] de Kock, S. 31.   [5] Ray I, S. 86/87.

Torresstraße ließ man einige der Körperteile weg und reichte nur bis 19.[1] Im Nordosten von Britisch-Neuguinea am Musariver fing man rechts an, ging dann von der rechten Schulter, statt über die Teile des Rumpfes, über rechtes Ohr und Auge, linkes Auge, Nase und Mund, linkes Ohr zur linken Schulter und dann entsprechend weiter zum linken kleinen Finger. Darauf folgten die Zehen. So reichte man bis 32.[2] In Bugi am Flyriver trat der Nacken mit in die Reihe[3], die Goliathzwerge ordneten Unter- und Oberarm, linke und rechte Seite des Halses sowie linken und rechten Scheitelhöcker mit ein, zählten aber jedes Gelenk nur einmal.[4] Andere Stämme wieder in in der Torresstraße nehmen nach Dr. Wyatt Gill auch noch außer den Zehen die Fußknöchel, die Knie und die Hüften in bestimmter Reihenfolge hinzu, lassen dann aber die Kopfteile und alle Rumpfteile mit Ausnahme von Schultern und Brustbein heraus und kommen so bis 33. Genügt das nicht, so muß ein Bündel Stäbchen herhalten.[5] Die beschriebene Methode benutzt der Papua beim Handel.[6] Er merkt sich z. B. bei einem Tauschgeschäft die Anzahl der Gegenstände, die er für ein gewisses Objekt erhält, indem er sie den fraglichen Körperteilen in der Reihenfolge, wie es bei seinem Stamm üblich ist oder gar, wie er es sich persönlich angewöhnt hat[7], zuordnet. Ferner dient die Methode zu Zeitangaben.[8] Wenn z. B. die Goliathzwerge abmachen, am Oberarm ein Fest zu feiern, so bedeutet dies in 9 Tagen. Die besprochene Methode ist den einfachen Verhältnissen, unter denen die in Frage stehenden Völker leben, durchaus angepaßt und bedeutet für sie geistige Ersparnis. Es ist aber noch ausdrücklich hervorzuheben, daß kein einziger Fall nachgewiesen scheint, wo einer dieser Körperteile, z. B. der Oberarm, aus der Reihe herausgelöst, für sich allein eine Zahlenbedeutung erhält. Sie kommt ihm nur zu an seiner Stelle in der geordneten Reihe, bezogen auf alle in der Reihe vorangehenden Glieder. William Stern konnte an seiner 3 Jahre 7 Monate alten Tochter Hilde feststellen, daß auch bei vorschulpflichtigen Kindern der Übergang von der Reihenzahl zur Mengenzahl noch lange nicht selbstverständlich ist.

Reihung kommt bei Zeitangaben auch noch anderswo vor. Als Erland Nordenskiöld 1913 im Dorf des Huanyamindianerhäuptlings Pedro fragte, wie weit es sei bis zur nächsten Niederlassung der Huanyamindianer, da antwortete man ihm: „Trumi, trumi, trumi . . .‚" zehnmal mit hintereinander aufgehobenen Fingern — trumi heißt schlafen —, also 10 Tagereisen weit.[9] Ähnliches berichten Hartt[10] und Paul Ehrenreich[11] von den Botokuden, berichtet von den Steinen von den Bakairi und

---

[1] Ray I, S. 47.   [2] Ray I, S. 364.   [3] Ray I, S. 296.   [4] de Kock, S. 31. [5] Haddon, S. 305/306.   [6] Ray I, S. 47.   [7] Ray I, S. 87.   [8] Lévy-Bruhl, S. 208.   [9] Erl. Nordenskiöld I, S. 247.   [10] Hartt, S. 605.   [11] Ehrenreich I, S. 45/46.

Kustenau in Brasilien, Behrmann aus Neuguinea.[1] Der Bakairi und der Kustenau zeigten zunächst auf die Sonne und machten dann, um möglichst klar zu sein, mit dem rechten Arm soviel Bogen am Himmel, die den Tageslauf der Sonne darstellen sollten, wie Tagereisen erforderlich waren, legten ebenso oft, um das Übernachten anzudeuten, im Anschluß an jeden Bogen die rechte Hand gegen die Wange und schlossen die Augen.[2] Bei den Pakavara am Rio Beni in Bolivien erscheint Reihenbildung schon in Verbindung mit der Gruppierung der Finger und Zehen. Sie verfahren im wesentlichen wie die Kaliana, sprechen aber bei jedem Einer „nata" und bei jedem Zehner „etchasu".[3]

Gruppierung der zu beurteilenden Menge nach Zweiern findet sich bei sehr vielen Australnegervölkern.[4] Weiter ist die Zweierrechnung sehr verbreitet in der Torresstraße[5], unter den Papuavölkern Neuguineas und der umliegenden Inseln[6] und bei den Sulka Neupommerns.[7] In Südamerika benutzen die Bakairi[8], die Bororo[9] und die nördlichen Caiapo[10] die Zweiergruppierung zur Beurteilung von Mengengrößen, in Afrika gewisse Pygmäenvölker[11] und hier und da auch noch großwüchsige Negerstämme.[12] — Bei den Queenslandeingeborenen in Australien machte der Führer einer Schar zur Feststellung der Anzahl der Lagerinsassen für je 2 eine aus parallelen Strichen bestehende Doppelmarke in den Sand.[13] Doppelmarken in den Sand benutzte, wie Eisenstädter schreibt, auch Roths australischer Diener, als sein Herr ihn aufforderte, die eigenen Finger zu zählen. Er bog zu dem Zweck die Finger zu je zweien hintereinander ein.[14] — Wenn der Bakairi in Südamerika, von von den Steinen aufgefordert, 6 Maiskörner zählte, so gruppierte er sie erst mit der rechten Hand zu 2 und 2 und 2, darauf ordnete er jedem Körnerpaar, mit dem kleinen Finger und Ringfinger der linken Hand beginnend, ein Fingerpaar zu, das dritte Fingerpaar wurde aus dem Daumen und dem kleinen Finger der rechten Hand gebildet. Die 3 Fingerpaare wurden getrennt voneinander gehalten, dann las er von den Fingern die Summe der Maiskörner ab. Beim Abzählen über 6 hinaus verfiel der Bakairi in das System der einfachen Zuordnung. Er ordnete die übrigen Körner den noch nicht benutzten Fingern und den Zehen zu und sagte bei jeder Zuordnung „mera" = dieses. Über 20 geht seine Rechnung nicht hinaus[15], es fehlt eben dazu das Bedürfnis.

Bei den Sulka auf Neupommern[16] und bei gewissen afrikanischen Stämmen ist die Zweiergruppierung durch die naturgegebene Fünfergruppierung

---

[1] Behrmann, S. 210/211.   [2] von den Steinen I, S. 70.   [3] Heath, S. 368. [4] C. Thomas, S. 875.   [5] Haddon, S. 303/305.   [6] Ray I.   [7] H. Müller, S. 83. [8] von den Steinen I, S. 406 f.   [9] von den Steinen I, S. 517.   [10] P. Antonio Maria, S. 236. [11] Schmidl, S. 95.   [12] Fabry, S. 224.   [13] W. E. Roth, II Nr. 36.   [14] W. E. Roth II, Nr. 36.   [15] von den Steinen I, S. 406/407/408/415.   [16] H. Müller, S. 83.

des benutzten Anschauungsmittels, nämlich die Finger und Zehen, beeinflußt. Gibt man einem Wapogoro in Deutsch-Ostafrika 10 Gummibälle zum Zählen, so legt er zunächst 2 beiseite und vereinigt dafür auch
2 Finger der linken Hand getrennt von den übrigen zu einem Paar. Dann
folgen 2 andere Gummibälle mit entsprechenden 2 neuen Fingern der
linken Hand. Ein Finger bleibt übrig, für den 1 Gummiball allein gelegt
wird. Der Prozeß geht in gleicher Weise an der anderen Hand weiter, bis
die Menge der abzuzählenden Gummibälle erschöpft ist.[1] Diese Gruppierung nach dem Rhythmus 2, 2, 1 wenden die Sulka auf Neupommern,
wenn die Menge der abzuzählenden Gegenstände größer als 10 ist, weiter
auf die Zehen an. Aus der Menge der benutzten Finger und Zehen bilden
sie sich ein Urteil über die Größe der Menge der abzuzählenden Gegenstände. Ist die zum Abzählen vorgelegte Menge größer als 20, so wird an
den Fingern und Zehen eines Genossen weitergezählt. Ein dritter Genosse
kommt deswegen nicht in Frage, weil sich mit Zahlen über 40, wie Her-
mann Müller, M. S. C., schreibt, kein Sulka den Kopf zerbricht.[2] — Auch
bei den Yoruba in Westafrika zeigen sich Spuren eines Zweiersystems darin, daß ihre Marktfrauen beim Abzählen von Kaurimuscheln nie mit 1
anfangen, sondern immer $2 + 2 + 1$ nehmen.[3] Marianne Schmidl findet
Spuren des Zweiersystems bei den Kinga, Nyáturu, Hehe und Schambala
darin, daß sie, um 5 zu zeigen, die Faust ballen, dabei aber den Daumen
zwischen Mittel- und Ringfinger schieben, also eigentlich auch $2 + 2 + 1$
meinen. Über die Herkunft der Zweiergruppierung gehen die Ansichten
auseinander. Während die einen sie aus subjektiven zahlenmystischen
Anschauungen herleiten möchten, glauben die anderen, und wohl mit
mehr Recht, objektive Gründe für ihre Entstehung angeben zu können,
z. B. das häufige Vorkommen des Paars am Körper (2 Augen, 2 Ohren,
2 Hände usw.) oder das natürliche Auftreten des Paars im praktischen
Leben, z. B. beim Holzspalten (vgl. S. 60).

Gruppierung der Einheiten des Anschauungsmittels und damit wohl
auch der abzuzählenden Gegenstände nach Dreiern ist naturgegeben bei
denjenigen Völkern, die nicht an den ganzen Fingern, sondern an den Fingergliedchen zählen. Dies soll der Fall gewesen sein bei den Coroado an
den Quellen von verschiedenen Zuflüssen des S. Laurenzo in Brasilien.[4]
Auch von den Tarahumaren in Mexiko wird es berichtet. Sie stellten z. B.
die 4 dar durch 3 Gliedchen eines Fingers und 1 Gliedchen eines anderen
Fingers.[5] Nach Wertheimer finden wir die Dreiergruppierung bei orienta-
lischen Völkern[6], von wo sie nach Marianne Schmidl zu den Suaheli in
Ostafrika gedrungen sein soll.[7] Daß sie auch in der Südsee nicht fremd zu

---

[1] Fabry, S. 224. [2] H. Müller, S. 83. [3] Denett, S. 242. [4] von den
Steinen I, S. 414/551. [5] Pott I, S. 10. [6] Wertheimer, S. 340. [7] Schmidl,
S. 193.

sein scheint, ergibt sich aus einer Angabe von Ray, wonach bei den Toaripi an der Torresstraße außer den Zahlwörtern und einer besonderen Bezeichnung „marota" für „ein Paar" noch ein Wort, „taipu" für „drei
Dinge zusammen" vorkommt.[1] Anhänger Allahs in Zentralsumatra zählen
die 99 Beinamen Gottes an den Fingergliedchen ab, beginnend mit dem
kleinen Finger der linken Hand, am Daumen erreichen sie dann 14. Weitere 14 Beinamen werden in der gleichen Weise auf die 14 Gliedchen der
anderen Hand bezogen. Bei 29 beginnen sie wieder am kleinen Finger der
linken Hand, erreichen beim mittleren Gliedchen des Ringfingers 33 und
wiederholen die ganze Operation dreimal.[2] — In Vorderasien und bei den
Suaheli findet der Daumen beim Zählen keine Berücksichtigung, wodurch
eine Zusammenfassung von je 4 Dreiergruppen zu einer Zwölfergruppe hervorgerufen wird.[3] Nach Westermann gibt es auch in Westafrika eine
Gegend, wo zuerst zu dreien gezählt wird, und wo dann diese Dreiergruppen
zu je vieren zusammengefaßt werden.[4] Ebenso sollen die Tarahumaren
12 zeigen, indem sie den Daumen eingebogen halten und die übrigen
4 Finger strecken.[5] In Nigerien zählen die Mada, Mama und Nungu, sehr
niedrig stehende, beinahe noch dem Steinzeitalter angehörige Völker, nach
Dutzenden.[6] — Eine eigenartige Mischung von Zwölfer- und Zwanziger-
gruppierung findet sich bei den Savaras in Südindien (vgl. Kap. 1, S. 7),
Um 50 oder 60 Gegenstände abzuzählen, bilden sie Gruppen zu 20 und
notieren jede derartige Gruppe durch eine Marke oder ein Steinchen. Aber
jede Gruppe von 20 wird dabei in der Form $12 + 8$ abgezählt. Als
Mr. Fawcett nach Hodson einen Stammesangehörigen fragte, wie er rechne
beim Verkauf seiner Erzeugnisse, begann er — er kauerte am Boden —
zuerst am linken Fuß und dann an der linken Hand 5 abzuzählen, darauf
tat er noch die 2 ersten Finger der rechten Hand hinzu, so daß es 12 waren.
Nun stellte er mit dem Daumen und den beiden übrigen Fingern der rechten Hand sowie den 5 Zehen des rechten Fußes 8 dar und hatte so im
ganzen $20 = 12 + 8$ gerechnet.[7] — Daß übrigens Zwölfergruppierung und
selbst Sechsergruppierung auch noch anderen bisher nicht besprochenen
Völkern in Afrika und Amerika wenigstens ursprünglich geläufig war, ergibt sich aus der in einem der nächsten Kapitel vorzunehmenden Analyse
der Zahlwortreihen.

Zählen nach Vierergruppen berichtet Moszkowski aus dem Innern von
Neu-Guinea, Sidney H. Ray vom Daap-, Drapa- oder Dapustamm an der
Torresstraße.[8] Vierergruppierung und Achtergruppierung lagen ursprüng-
lich auch Zahlensystemen mancher kalifornischen Indianer zugrunde.[9]
Die in Frage kommenden Stämme sind entweder jetzt nicht mehr vor-

---

[1] Ray I, S. 345.   [2] Maaß II, S. 555/556.   [3] Wertheimer, S. 340.   [4] Westermann I, S. 80.   [5] Pott I, S. 10.   [6] Judd, S. 5.   [7] Hodson S. 1065.   [8] Ray I,
S. 295.   [9] Dixon und Kroeber, S. 667.

handen oder haben unter dem Einfluß der Weißen ihre Rechenmethoden
dem Zehnersystem angepaßt. Dixon und Kroeber erfuhren die Achter-
rechnung der Yukiindianer von Round Valley, die sie ursprünglich für
eine Viererrechnung hielten[1], vom letzten Überlebenden des Stammes,
einem alten Mann, der in in einem Waisenhaus untergebracht war. Er
zählte 20 Finger, die man ihm auf günstiger Unterlage vorhielt, indem er
sie einzeln beiseite schob, sie aber zu vieren anordnete und nach 8 und 16
eine Pause machte.[2] — Manche möchten die Rechnung nach Vierergruppen
aus der Bedeutung der 4 in der Zahlenmystik, also zunächst subjektiv,
herleiten. Pott vermutet, die Zählweise nach Vieren rühre von der ob-
jektiven Tatsache der Existenz von 4 menschlichen Gliedmaßen her. Die
Erfahrung, die man in den Schulen ab und zu macht, daß nämlich 6- und
7jährige Kinder geneigt sind, den Daumen beim Zählen an den Fingern
zu übersehen oder als etwas Besonderes zu betrachten, möchte die Vermutung aufkommen lassen, daß auch bei Naturvölkern wenigstens hier
und da die Entstehung des Vierersystems auf eine ähnliche Erscheinung
zurückzuführen sei. In diesem Zusammenhang ist z. B. die Feststellung
von Interesse, daß die Guayaki in Paraguay zählen, indem sie mit dem
Daumen der Reihe nach auf die übrigen 4 Finger der gleichen Hand
zeigen.[3]

Es muß übrigens auch die Viergruppierung noch anderen Völkern in
Ozeanien und Asien wenigstens ursprünglich geläufig gewesen sein. Das
ergibt sich wiederum aus der später vorzunehmenden Analyse der Zahlwörter.

Eine eigentümliche Verbindung mit anderen Gruppierungen des Anschauungsmittels ist die Viergruppierung in den Kuantangebieten von
Zentralsumatra eingegangen. Man zählt an den Fingergelenken, beginnend
mit der Wurzel des kleinen Fingers, rechnet aber auch jedesmal die Finger-
spitze mit. Jeder der 4 ersten Finger bedeutet also eine Viergruppe, der
Daumen eine Dreiergruppe, und so reicht man zunächst bis 19. Muß man
darüber hinaus zählen, so zieht man die andere Hand in der gleichen Weise
heran oder beginnt an derselben Hand von vorne.[4]

Von allen Gruppenbildungen, die bei Naturvölkern zum Zählen und
Rechnen benutzt werden, hat die Gruppierung nach Fünfern die weiteste
Verbreitung gefunden. In der Mehrheit der Fälle werden dann wieder je
4 Fünfer zu einem Zwanziger zusammengefaßt. Das dabei benutzte An-
schauungsmittel sind durchweg entweder allein oder neben noch anderen
Anschauungsmitteln die Finger und Zehen des Menschen, die ja auch am
Körper zu 4 Fünfergruppen vereinigt erscheinen. Es kommt ferner, wenn
nur an den Händen gerechnet wird, Zusammenfassung von je 2 Fünfer-

---

[1] Eels, S. 222.　　[2] Dixon und Kroeber, S. 668.　　[3] Mayntzhusen, S. 20 f.
[4] Maaß II, 1. Bd., S. 523.

gruppen zu einer Zehnergruppe vor, weiter, offenbar wenn die 10 Finger als eine einheitliche Reihe ohne Gelenk zwischen 5 und 6 angesehen werden, Gruppierung der abzuzählenden Gegenstände nach Zehnern. Schließlich sind auch Gruppierung nach Zehnern mit Zusammenfassung von je zwei Zehnergruppen zu einem Zwanziger und selbst noch andere Kombinationen möglich. — Marianne Schmidl berichtet ausdrücklich Zählen nach Fünfern von den Rundi[1], Basa[1], Kongo[1], Luba-Hemba[1] und Nyaturu[1] (vgl. das von den Vili Gesagte, S. 14). Gruppierung nach Fünfern bis mindestens 100 wird von den Yaqui[2] in Mexiko berichtet, nicht über 20 reichend ist sie außerordentlich weit verbreitet unter den südamerikanischen Waldstämmen und war es jedenfalls früher bei den Eingeborenen Sibiriens. Zusammenfassung von je 4 Fünfergruppen zu einem Zwanziger finden wir bei den Eskimo und bei vielen Völkern in der Südsee. Ferner muß sie nach Struck die ursprüngliche Rechenmethode aller Negervölker gewesen sein.[3] Zusammenfassung von je zwei Fünfern zu einem Zehner treffen wir wiederum in der Südsee, z. B. bei den Nasioi.[4] Daß sie bei vielen Völkern ursprünglich wenigstens in der Vorstellung vorhanden war, läßt sich noch aus gewissen Gesten schließen, so aus der Zehnergeste der Zuniindianer[5] (vgl. S. 15, 29), ferner aus der Tatsache, daß sowohl die Goajiro in Südamerika[6] wie die Dènè-Dindjié in Kanada[7], die Norpapua (Murik — Kaup — Karau) auf Neuguinea[8] wie die meisten Bantustämme Afrikas bei 10 die Hände zusammenschlagen.[9] Direkte Zehnergruppierung kommt in allen Weltteilen vor (vgl. das von den Cree Gesagte, S. 14).

Als der Sprachforscher und Missionar Kölle einen Neger vom Senegal fragte, wie sie denn mit fünf Zahlworten ausreichten, da antwortete dieser: „Lieber Massa, wir machen dies so, wenn wir 5 gezählt haben, so legen wir es beiseite auf ein Häufchen und fangen dann wieder von neuem an."[10] Pater Vormann und Pater Schmidt schreiben von den Valman von Berlinhafen: „*Beim Abzählen einer Reihe wird so verfahren: Man zählt zunächst an den Fingern einer Hand bei jedem sprechend „eins das", beim letzten Finger wird hinzugefügt „Hand die eine". Dann nimmt man die Finger der anderen Hand in gleicher Weise vor, und sind diese abgezählt, auch die Zehen der Füße. Ist die zu zählende Reihe dann noch nicht zu Ende, so wird für die weitere Zählung die „Hand die eine" als Einheit aufgestellt und so viele dieser Einheiten gezählt, als sie Finger und Zehen haben.*"[11] El Wachschi, ein westafrikanischer Neger in Barths Begleitung, brachte es fertig, mit Hilfe von fünf oder sechs Gesellen 500000 Kaurimuscheln einzeln in Gruppen zu fünfen abzuzählen.[12] Von den Kpelle in Liberia schreibt Westermann:

---

[1] Schmidl, S. 180.   [2] C. Thomas, S. 909.   [3] Struck I, S. 492.   [4] Rausch, S. 109.   [5] Cushing, S. 313.   [6] Ernst, S. 435.   [7] Petitot, S. LV.   [8] P. J. Schmidt, S. 726.   [9] Schmidl, S. 179/180.   [10] Pott II, S. 30.   [11] Vormann und W. Schmidt, S. 91.   [12] Pott II, S. 91.

„Daher wird in der Regel nur bis 5, höchstens bis 10 gezählt; die gezählten 5 Stück legt man abseits, die nächsten 5 dazu, usw.; hat man 4 solcher Einheiten erreicht, so wird nicht etwa das Ergebnis gezogen: 4 × 5 = 20, sondern es bleiben 4 Häufchen, deren jedes 5 enthält; der Eingeborene rechnet nicht 4 × 5 = 20, sondern er beruhigt sich dabei: 4 Häufchen je 5 Bündel Reis sind eben 4 Häufchen je 5 Bündel." [1]

Ganz anders klingt, was Nelson vor 50 Jahren von den Unaliteskimo an der Beringstraße schrieb. Wenn die Unaliteskimo kleinere Gegenstände wie Pulverkapseln zählten, so legten sie dieselben gewöhnlich in Gruppen zu 5, und nach Vollendung von jedesmal 4 Gruppen schoben sie diese wieder zu einer Zwanzigergruppe zusammen. So entstanden aufeinanderfolgende Haufen von 20. Die klügsten aber zählten damals schon bis 20 in einem durch.[2]

Gruppierungen nach Zehnern und Zusammenfassung von 10 Zehnern zu einem Hunderter finden wir bei den Bali in Nordkamerun. Als vor wenigen Jahren bei diesem Stamm eine ruhrartige Krankheit nahezu 600 Menschen dahinraffte, legte der Häuptling Garega dem Hauptmann Hutter auf dessen teilnehmende Erkundigung hin, um die Anzahl der Toten nachzuweisen, stillschweigend kleine Bündel von Bambusstäbchen vor. Je 100 waren zusammengeschnürt, und über das letzte Hundert hinaus waren Päckchen zu 10 gemacht. Was dann noch über die vollen Zehner hinausging, war wieder zu einem Bündel zusammengefaßt.[3] Auch die Bongo in Afrika rechnen, wie Schweinfurth berichtet, mit Strohhalmen und Rohrstäbchen, die sie zu je 10 zusammenlegen.[4] Wenn man in den Kampar-Kiri-Ländern auf Sumatra mit kleinen Steinchen rechnet, so vereinigt man immer je 10 zu einem Häufchen[5], und von den Norpapua (Murik — Kaup — Karau) auf Neuguinea berichtet P. Jos. Schmidt, daß sie beim Abzählen von Gegenständen, z. B. Kokosnüssen, über 50 immer 10 zusammenlegen.[6] Selbst in einem um die Wende des 16. Jahrhunderts geschriebenen Missionsbericht vom Madeirafluß in Brasilien findet sich folgende Stelle: *„Hac ipsa in Missione Abacaxis cum piscatores frequentissime, diebus praesertim Sabbati, e lacu, vulgo lago de Sampayo, afferent testudines. . . . e piscatoribus ubi quarebatur, quot essent testudines? Cocecoi Rai! h. e. Ecce Pater! reposuerunt, bacillum ei porrigentes oblongum, cui tot inciderunt crenas, quot juras attulerant. Incisuram autern decimam semper reddiderunt majorem."* [7]

Man nimmt wohl mit Recht an, die weite Verbreitung des Rechnens nach Fünfern, Zehnern und Zwanzigern rühre von der Tatsache her, daß die Finger und Zehen, die in der überwiegenden Mehrheit der Fälle als

---

[1] Westermann II, S. 164.   [2] Nelson, S. 236.   [3] Hutter, S. 501.   [4] Schweinfurth, S. 25.   [5] Maaß II, 1. Bd., S. 566.   [6] P. Jos. Schmidt, S. 726.   [7] Pott I, S. 8/9.

Anschauungsmittel dabei benutzt werden, eine Einteilung nach vier Fünfergruppen zeigen. Allerdings schreibt Lévy-Bruhl, es sei nicht sicher, daß überall, wo wir die Systembasis 5 finden, diese den Ursprung habe, den wir so natürlich finden[1], und auch Hauptmann Friederici ist abweichender Meinung.[2] Übrigens wird auch für das Rechnen nach Fünfern, Zehnern und Zwanzigern die Analyse der Zahlworte das Bild ergänzen.

Manche Völker zählen gewisse Objekte in ganz bestimmten, von der sonst allgemein gültigen Gruppierung abweichenden Gruppenbildungen ab. Die Entscheidung, wieviel Objekte zu einer Einheit zusammengefaßt werden, ist dann wohl meist durch praktische Bedürfnisse, also objektiv von den Dingen selbst aus bestimmt worden. Die hier zu besprechenden Zählverfahren scheinen verwandt zu sein mit der schon besprochenen Stufe der sogenannten Haufengebilde (vgl. S. 3).

Innerhalb des Rahmens der malaio-polynesischen Sprachen soll Zählen nach Paaren, Doppelpaaren und sogar Dreipaaren gang und gäbe sein.[3] Die Barriai im westlichen Neupommern zählen auf dem Markt beim Handeln Yams, Taro, Kokosnüsse usw. nach Vierern.[4] Die Küstenbewohner der nördlichen Gazellehalbinsel zählen Eier, Schweine, Hunde und junge Vogelbrut nach Vierern und Fünfern, Früchte, die zu Bündeln zusammengefaßt werden können, nach Vierern und Sechsern, kleinere Stücke Muschelgeld nach Sechsern, feine Bambusstreifen, die zum Flechten benutzt werden, nach Achtern[5] (vgl. S. 3). Die Norpapua aus der Gegend von Dallmannshafen banden die Kokosnüsse, die sie für den eigenen Bedarf holten, zu je vieren zusammen und zählten sie auch nach Vierern.[6] Auf Samoa band man in alter Zeit die Kokosnüsse zu je zweien zusammen und zählte sie nach Paaren und Zwanzigern.[7] Auch Zählen nach Zwanzigern und Vierzigern kommt in der Südsee vor und soll z. B. in alter Zeit bei den Maori auf Neuseeland nicht ungewöhnlich gewesen sein.[8] Die Eingeborenen der mittleren und südlichen Nikobaren zählen Kokosnüsse, Geldstücke und Vogelnester nach Paaren, Zwanzigern und Vierhundertern. Auf einigen anderen Inseln der Nikobaren rechnen die Eingeborenen auch nach Zweihunderten, Zweitausendern und Zwanzigtausendern. Zum Zählen nach Paaren sind die Eingeborenen gekommen, weil sie, um bequem tragen zu können, je 2 durch Streifen ihrer Schalen zusammenbinden.[9] Es war also ein Zählen nach objektivem Grund. In Alaska zählten vor 50 Jahren die Eskimo die Häute des Renntierkalbes in Bündeln zu vier. Vier Häute reichten nämlich zu einem Pelzmantel. Es war also auch objektive Zählung. Die Bündel wurden beim Tauschhandel verwandt.[10] Dennett behauptet, die Yoruba in Westafrika zählten nicht nur

---

[1] Lévy-Bruhl, S. 232.   [2] Friederici II, S. 179.   [3] Friederici II, S. 179.
[4] Friederici II, S. 179.   [5] Parkinson, S. 736.   [6] P. Jos. Schmidt, S. 726.
[7] Brown, S. 303.   [8] Pollack II, S. 151.   [9] Nic. Num, S. 58.   [10] Nelson, S. 241.

nach Paaren, sondern auch nach Vierern, Fünfern, Zehnern, Sechzehnern und Zwanzigern.[1] Die Ewe zählten in ihrem alten Rechensystem kleine Gegenstände außer Kaurimuscheln, indem sie dieselben zu je zwei oder drei zusammengefaßt auf einen Haufen legten, bis es 20 waren, und dann wieder von neuem anfingen, 5 Zwanziger bildeten einen Hunderter, 10 Hunderter einen Tausender.[2]

In Afrika finden wir besondere Gruppenbildungen beim Zählen vor allem für Perlen und Kaurimuscheln. Die Vili im französischen Kongo zählen die Perlen paarweise und zwar in dem fünfteiligen Rhythmus: „5 Paare, 1 Paar, 5 Paare, 1 Paar, eine einzelne Perle". Dabei werden aber alle Fünferpaare für sich zusammengelegt, ebenso alle Einzelpaare und alle einzelnen Perlen, so daß, wenn 100 Perlen abgezählt sind, tatsächlich ein Haufen von 80, einer von 16 und einer von 4 vorhanden sind.[3] Auf dem Marktplatz von Yamina am oberen Niger zählte man in den 60er Jahren des vorigen Jahrhunderts größere Beträge von Kaurimuscheln dadurch ab, daß man sechzehnmal je 5 Kaurimuscheln auf einen Haufen legte, 10 derartige Haufen zu einer Menge von 800 zusammenfaßte, 10 Mengen von 800 zu 8000 und 8 Mengen von 8000 zu 64000.[4] Die Kaurimuschel, das Geld Westafrikas, hat in den einzelnen Gegenden verschiedenen Wert. Bei den Ibibio und Ewe an der Küste werden je 40 Muscheln auf einen Faden aufgezogen zu einem „Strang" zusammengefaßt, 5 Stränge bilden ein Bündel, 10 Bündel einen Kopf, 10 Köpfe einen Sack.[5] Weiter von der Küste weg dagegen fassen die Ewe siebenmal je 5 Muscheln zu einem Strang zusammen. Bei schnellem Zählen nehmen sie zwanzigmal je 3 Muscheln und fügen dann noch 10 hinzu, um so 2 Stränge zu erhalten.[6] Während bei den mohammedanischen Mande 2 Stränge 100 Kauri bedeuten, bedeuten sie bei den Malinke 80 und bei den Soninke 60. Bei den Malinke bilden dann $8 \times 80 = 640$ und bei den Soninke $6 \times 60 = 360$ Muscheln die nächsthöhere Einheit.[7] Die Ibo bilden, wie scheint, beim Abzählen von Kauri jedesmal 5 Häufchen zu 6 Muscheln.[8]

Innerhalb der praktischen Rechenmethodik bestand Jahrzehnte hindurch ein auch jetzt noch nicht gänzlich geschlichteter Streit zwischen den sogenannten „Zählern" und „Anschauern". Die „Zähler" vertraten die Ansicht, die Reihung in der Form $1 + 1 + 1 \ldots$ sei als wesentliches Element der Einführung der Kinder in das Rechnen zugrunde zu legen, die „Anschauer" im Gegensatz dazu sahen das wesentliche Element in der Gruppenbildung. Der Gegensatz hat sich allerdings praktisch doch eigentlich nur in der Wahl der bevorzugten Anschauungsmittel ausgewirkt. Eine tatsächliche auf Gruppenbildung gestützte Grundlegung des Rechenunter-

---

[1] Dennett, S. 242.   [2] Westermann I, S. 127.   [3] Schmidl, S. 194.   [4] Mage, S. 90/91.   [5] Schmidl, S. 194.   [6] Westermann I, S. 127.   [7] Schmidl, S. 194. [8] Schmidl, S. 193.

richts dürfte in der wirklichen Unterrichtspraxis von Schulen normaler Kinder nirgendwo durchgeführt worden sein. Und doch müßte das Studium des Rechnens der Naturvölker zu dem Versuch anregen; denn es läßt erkennen, daß die Gruppen ein wesentliches Element für die Entstehung der Zahlenreihe ausmachen. — Die Tatsache, daß es heutzutage noch Völker gibt, bei denen die Zahlenreihe, wenn sie abgefragt wird, unstetig erscheint — Struck führt als Beispiel dafür einen Tatoja aus Afrika an, der nach 5 sofort 20 nannte[1], — bringt manche Forscher zu der Behauptung, die Gruppe stehe sogar am Anfang der ganzen Entwicklung der Arithmetik. Es soll sich dabei um Gruppen handeln, die der Naturmensch in stets gleicher Weise an seinem Körper beobachtet, wie zwei Hände, vier Gliedmassen, fünf Finger, viermal 5 Finger und Zehen, ferner um Gruppen wie die vier Himmelsrichtungen (vgl. 1. Kap.) und um besonders häufig vorkommende stets gleiche Mengen sonst wichtiger Dinge, etwa um die auf dem Markt verhandelte Anzahl Taro, Yams oder Kokosnüsse, wie sie gerade bequem transportiert werden kann, oder die Zweiergruppe, die immer wieder bei der Tätigkeit des Holzspaltens auftritt, schließlich um besonders bequem übersehbare Gruppen von Dingen irgendwelcher Art, also um Gruppen, die sich objektiv aufdrängen, deren Bildung nicht auf subjektiver Willkür beruht. Dabei soll dann dem Naturmenschen die Gruppe zunächst nicht als eine Mehrheit von gleichen Dingen erscheinen, sondern als ein gegliedertes Ganze, die Zahl soll als eine Art Eigenschaft der Gruppe erscheinen. Allerdings ganz ohne die Reihung geht es nicht, wenn eine weitere Entwicklung eintreten soll. Wenigstens wird eines Tages die analysierte Gruppe eingereiht werden müssen. Die von Seite 17 bis Seite 20 angeführten Beispiele aus Ceylon, Neuguinea und Südamerika weisen darauf hin, daß es auch Völker gibt, bei denen Reihung am Anfang der Entwicklung der Arithmetik steht. Es wird sich allerdings auch hier, wenn eine Weiterentwicklung eintreten soll, nur um kurze Reihen handeln können, deren Einzelglieder dann bald zu kleinen leicht übersehbaren Gruppen zusammengefaßt werden. — Welche Entwicklung bei einem Volk die Zähl- und Rechenkunst einschlägt, ob erst Gruppenbildung und dann Reihung, oder erst Reihung und dann Gruppenbildung, wird von den Antrieben zur Entwicklung abhängen, denen das Volk unterliegt, und von den Stellen, an denen die Entwicklung überhaupt ansetzt.

---

[1] Struck II, S. 116.

VIERTES KAPITEL

ZÄHLGESTEN

Wo in unseren Schulen die Finger als Anschauungsmittel beim Zählen und Rechnen verwandt werden, gehen die Ansichten darüber auseinander, ob es zweckmäßiger ist, die Finger in einer fest vorgeschriebenen Ordnung beim Zählen, Addieren und Subtrahieren benutzen zu lassen, oder ob es nur darauf ankommt, daß die Kinder, gleichgültig in welcher Ordnung, stets die richtige Anzahl von Fingern vorweisen. Das Studium des Rechnens der Naturvölker könnte die erste Ansicht als die bessere erscheinen lassen, denn bei der Mehrzahl von ihnen sind die Gesten für die Zahlen so genau festgelegt, daß bei einem geringen Abweichen davon die in Frage stehenden Mengen manchmal schon nicht mehr erkannt werden. Die Assoziation zwischen Zahlvorstellung bzw. Zahlwort einerseits und Zahlgeste anderseits wird eben eine engere und verläuft schneller, wenn die in Frage kommende Geste immer in genau gleicher Weise ausgeführt wird.

Bezüglich der Geste für 10 bei den Zuniindianern, wie wir sie Seite 15 beschrieben, bemerkt Cushing: „*I was not a little astonished to find that the Zunis did not consider the two hands help up apart as meaning ten. I can illustrate this and its cause by my first experience of it as a Zuni. Whilst I was serving an apprenticeship with the chief silversmith of Zuni, in 1881, he asked me one day how many li' — a — li — we (silver bits or dimes) I had. As my mouth was full of buttons I held up both hands spread out and apart, to assure him that I had ten ten-cent pieces.*" '*Alas, son!*' *said he,* '*I already have two half-dollars*', *but I was hoping you had ten cent pieces enough to exchange for them.*' '*But I have,*' *said I, ejecting the buttons and resuming speech in my surprise; whereupon he laughed at my having*' *split the sign for ten,* '*making it* '*two fives*', *which he had interpreted as meaning two half-dollars.*'[1] S. E. Peal, früher englischer Resident im östlichen Assam in Britisch-Indien, berichtet von einem alten Nagahäuptling: '*I once hat to sit patiently for over half-an-hour while an old chief gave the names and counted over the fifteen men lost by his tribe in a headhunting raid. Slowly he doubled down one finger for each name, first on one hand and then, keeping that fist closed, doubled down the fingers of the other.*

---

[1] Cushing, S. 313.

Then he began on his toes and when at about twelve or thirteen found he had unwittingly opened his fingers of the right hand and, despite my protestations, started all afresh persisting that the whole count was spoilt and that having opened his hand I should never be able to understand it unless repeated.'[1]

Bei den Savaras in Südindien waren die Gesten (vgl. S. 22) an sich vorgeschrieben, jedoch war es gleichgültig, ob mit der Hand oder mit dem Fuß begonnen wurde.[2] Von den allerdings sehr tief stehenden Bakairi, die (vgl. S. 20), wenn sie eine Anzahl vorgelegter Körner bestimmen sollten, diese erst mit der rechten Hand gruppierten und betasteten und dann an der linken abzählten, schreibt von den Steinen, daß es ihnen schon bei 3 Stück ganz unmöglich war, ohne die Finger der rechten Hand zu brauchen, nur nach einer Betrachtung der Körner an den Fingern der linken Hand zu zählen. Zur Not sei es bei 3 Körnern noch ohne die Linke gegangen, aber niemals ohne die Rechte.[3] Zu den Zählversuchen der Bakairi mit Körnern möchte ich mir das Bedenken erlauben, ob die Schwierigkeit, die sie offensichtlich dabei hatten, nicht auch damit zusammenhing, daß für sie, die sowieso höchstens dann mit Zahlen umgingen, wenn es sich um durchaus lebenswichtige Dinge handelte, 3, 4, 5 oder 6 Körner nahezu sinnlich nicht existierten. Soviel Körner haben für sie ja gar keine lebenswichtige Bedeutung, und wenn sie dieselben zählen sollen, so sehen sie sich dadurch vor eine nahezu abstrakte Aufgabe gestellt, wie sie ihnen sicher noch nie vorkam.

Es kommen in diesem Kapitel in der Hauptsache nur noch solche Gesten zur Besprechung, die nicht schon in einem der früheren Kapitel unter irgend einem Gesichtspunkt zur Darstellung gebracht worden sind, und zwar wird es sich im wesentlichen um Gesten handeln, wie sie das Quinarsystem oder Fünfersystem sowie die vigesimalen oder Zwanzigersysteme und die dezimalen Systeme begleiten, aus Gründen der Darstellung erst um Gesten nur an den Fingern, dann um Gesten an Fingern und Zehen.

Zählen nur an den Fingern einer Hand scheint bei den Watschandies in Australien vorgekommen zu sein. Als Mr. Oldfield einen Angehörigen des Stammes fragte, wieviel Eingeborene bei einer gewissen Gelegenheit erschlagen worden seien, gab dieser, nachdem er lange hin und her überlegt, an den Fingern abgezählt und sich wiederholt vertan hatte, ihm die Zahl 15 schließlich dadurch an, daß er dreimal hintereinander die Hand hob.[4] Nach einem Bericht von Brown scheinen auch gewisse Stämme auf Neupommern und Neulauenburg nur an einer Hand gezählt zu haben. Beim Zählen von 1 bis 5 wurden die Finger mit dem Daumen beginnend, hintereinander gestreckt, beim Zählen von 6 bis 10 dann wieder mit dem

---

[1] Peal, S. 246.   [2] Hodson, S. 1065.   [3] von den Steinen I, S. 408.   [4] Tylor, S. 242.

Daumen beginnend hintereinander gebeugt, beim Zählen von 11 bis 15 nun aber mit dem kleinen Finger anfangend, also in umgekehrter Richtung, gestreckt, und schließlich von 16 bis 20 vom Daumen ab nochmals gebeugt.[1] Die gleichfalls nur an den Fingern einer Hand ausgeführten Gesten für die Zahlen von 1 bis 9, wie sie Hauptmann Merker von den Masai, einem Hamitenvolk in Ostafrika, beschreibt und bei denen es nicht nur auf die Streckung und Beugung von Fingern, sondern auch noch auf gewisse andere Bewegungen, wie Knipsen der Nägel aneinander, Reiben der Finger gegeneinander und Vorstoßen der ganzen Hand ankommt, machen einen gekünstelten Eindruck und lassen außer 1, 2, 5 und höchstens im Anschluß an 5 noch 6 die Stellung der Zahl in der Zahlenreihe gar nicht erkennen.[2]

Beim Zählen an den Fingern beider Hände ohne Benutzung der Zehen erscheint als ein einfacher Fall der, daß die 5 Finger jeder Hand wie die auf einer Reihe stehenden Kugeln einer Rechenmaschine durchgezählt werden. Dabei kann es ethnologisch von Bedeutung sein, ist aber psychologisch zunächst weniger wichtig, ob ein Volk an der linken oder an der rechten Hand zu zählen anfängt, ob es mit dem kleinen Finger oder mit dem Daumen beginnt und mit dem kleinen Finger oder mit dem Daumen bei 5 bzw. 10 endet. Beachtenswerter ist es schon wieder, wenn die Zählung an beiden Händen in verschiedener Richtung geht oder wenn sie beim Zeigefinger beginnt und der Daumen dann erst bei 5 hinzugezogen wird, da auch dadurch die Aufeinanderfolge in einer Richtung gestört wird, ferner wenn die gewünschte Menge nicht durch die gestreckten, sondern durch die eingebogenen Finger angegeben wird, da doch erstere scheinbar mehr in die Augen springen und auch die Einheiten besser erkennen lassen, schließlich wenn die Finger der einen Hand mit Hilfe der anderen hintereinander eingebogen bzw. gestreckt oder wenigstens vom Zeigefinger der anderen Hand zählend berührt werden, da dabei die Tastbewegung wieder stärker hervortritt.

An den gestreckten Fingern zählen u. a. in Afrika die Sotho, Zulu, Kafir, Tonga[3] und Basoga-Batamba[4], in Nordamerika die Zuni.[5] Die eingebogenen Finger hingegen zählen u. a. in Afrika die Masai[6], in Nordamerika die Krähenindianer[7], in Südamerika die Motilone[8], in der Südsee die Norpapua.[9] Die Zulu beginnen die Zählung am erhobenen kleinen Finger, und zwar meistens der linken Hand. Bei 5 werden alle gestreckten Finger dieser Hand gezeigt, bei 6 gehen die Zulu dann zum Daumen der rechten Hand über und strecken an dieser Hand der Reihe nach noch so viel Finger wie zur Darstellung der in Frage kommenden Zahl nötig sind, um so bei

---

[1] Brown, S. 293.   [2] Merker, S. 150.   [3] Schmidl, S. 176.   [4] Condon, S. 368.
[5] Cushing, S. 293f.   [6] Merker, S. 152.   [7] Pott II, S. 64.   [8] Bolinder, S. 49.
[9] J. Schmidt, S. 726.

10 den kleinen Finger der rechten Hand zu erreichen.[1] Der Basoga-Batamba in Uganda kehrt, wenn er rechnen will, die Innenfläche der rechten Hand seinem Gesicht zu. Die Hand ist aber so zur Faust gebogen, daß der Daumen innen liegt. Bei 1 streckt er dann den rechten Zeigefinger, bei 2 streckt er noch dazu den Mittelfinger, bei 3 den Ringfinger, die Spitze des Daumens berührt dann das oberste Gliedchen des kleinen Fingers. Bei 4 ist nur noch der Daumen eingebogen, bei 5 beugen sie aber alle 4 Finger über den Daumen in die Handfläche, so daß wieder die Faust entsteht. Von 6 an zeigt die rechte Hand die Fünfergeste, während nun an der linken Hand, die sich in gleicher Stellung wie die rechte befindet, die noch fehlende Anzahl Finger in der beschriebenen Weise doch gestreckt wird.[2] Bei den Zuni ist vor Beginn der Zählung die linke Hand mit dem Rechner zugekehrter Handfläche zur Faust eingebogen, der Daumen liegt außen. Bei 1 wird der kleine Finger der linken Hand gestreckt, die übrigen Finger folgen der Reihe nach, der Zeigefinger der Rechten berührt zählend die hintereinander gestreckten Finger der Linken (vgl. für die Geste 5 S. 15). Bei 6 dreht der Rechner die Handfläche der die 5 anzeigenden Linken nach außen und streckt dazu den Zeigefinger der Rechten, deren Innenfläche ebenfalls nach außen gekehrt ist. Bei 7, 8, 9 streckt er dann noch Mittelfinger, Ringfinger und kleinen Finger der rechten Hand, bei 10 macht er die S. 15 beschriebene Geste.[3] Der Norpapua beginnt die Zählung beim linken Daumen, indem er jedesmal einen Finger zudrückt und bis zum rechten kleinen Finger damit fortschreitet. Die Schlußgeste wurde schon S. 24 beschrieben.[4] Von den Masai wird berichtet, daß sie bei einer ihrer Zählmethoden die linke Hand unter den Handrücken der rechten legen und mit Hilfe des linken Daumens die Finger der rechten Hand am kleinen Finger anfangend, einzeln hintereinander umbiegen. Von 6 an geht der Prozeß in der gleichen Weise an der linken Hand weiter.[5] — Sehr viele Methodiker legen hohen Wert darauf, daß die Kinder beim Zählen an den Fingern bis 10 die einmal von 1 bis 2 eingeschlagene Richtung beibehalten. Sie sind offenbar durch die Tatsache beeinflußt, daß die Kinder lernen müssen, beim Schreiben stets dieselbe Richtung beizubehalten und beabsichtigen ferner wohl die Auffassung zu erleichtern, da die Augen sich beim ganzen Prozeß dann auch nur in einer Richtung zu bewegen brauchen. Eigenartig ist, daß bei den Naturvölkern, bei denen ja, wie im Anfang des Kapitels gesagt wurde, die Form der Gesten fest vorgeschrieben ist, das unveränderliche Einhalten einer Richtung bei Heranziehung der Finger zu diesen Gesten, wie sich aus den angeführten Beispielen ergibt, von geringer Bedeutung zu sein scheint. Das Zählen der eingeschlagenen Finger, wie es bei manchen Naturvölkern üblich ist,

---

[1] Pott II, S. 46f.   [2] Condon, S. 368f.   [3] Cushing, S. 292f.   [4] J. Schmidt, S. 726.   [5] Merker, S. 152.

kommt aus den oben angegebenen Gründen für den ersten Rechenunterricht nicht in Frage.

Die Hineinziehung der Tastbewegung in den Zählakt, wie wir sie bei den Bakairi sowie bei den Zuni und Masai fanden, wird auch in der Schule von den 6- und 7jährigen Kindern beim Zählen ihrer Finger angewandt, und der Lehrer benutzt sie beim Zählen anderer Gegenstände mit Erfolg dort, wo er die Kinder veranlaßt, auf Striche an der Tafel oder Kugeln an der Rechenmaschine, die sie von ferne zählen sollen, hintereinander mit ausgestrecktem Arm und Finger zu zeigen.

Bei manchen Völkern finden sich für die Zahlen zwischen 5 und 10 Gesten, die, wie scheint, zum Ausdruck bringen sollen, daß sie die über 5 hinausreichende Teilmenge mit der Menge 5 zu einer Einheit verbunden denken. So bezeichnen z. B. die Kuanyama in Südafrika die erste 5 mit den Fingern der rechten Hand und legen dann von 6 an den Daumen derselben auf so viel Finger der linken, vom kleinen Finger an beginnend, wie es die in Frage kommende Zahl verlangt.[1] Die Yaelima im Distrikt des Leopoldsees zeigen 5 durch die Faust der rechten Hand mit innen liegendem Daumen. Um die Zahlen von 6 bis 9 darzustellen, umfassen sie dann mit der rechten Faust am kleinen Finger der linken Hand anfangend, noch soviel von deren Fingern, wie es der Überschuß der in Frage kommenden Zahl über 5 hinaus verlangt.[2] Die Takelmaindianer in Oregon, von denen im Jahre 1884 noch 27 Menschen lebten, die aber 1907 auf ganz wenige Individuen zusammengeschmolzen waren, hielten bei der Zahl 6 den Zeigefinger der Rechten in der Linken, bei 7 den Mittelfinger, bei 8 den Ringfinger und bei 9 den kleinen Finger. Bei 10 zeigten sie beide Hände frei.[3]

Manche Völker bringen die 4 oder die 9 dadurch zum Ausdruck, daß sie die Aufmerksamkeit ausdrücklich auf einen einzigen Finger lenken, und zwar auf denjenigen, den sie noch heranziehen müssen, um an ihren Fingern 5 bzw. 10 darzustellen. Sie lassen so erkennen, daß ihnen 5 bzw. 10 als ausgezeichnete Zahlen erscheinen. Die Dènè-Dindjié in Kanada zeigen z. B. bei 4 den ausgestreckten Daumen der linken Hand und sagen „nur noch dieser ist da", bei 9 zeigen sie den allein umgebogenen kleinen Finger der Rechten und sprechen dazu „es ist noch einer unten" oder „einer fehlt noch" oder „der kleine Finger ruht unten".[4] Ebenso wird von den Nkosi und Basa, zwei afrikanischen Bantustämmen, berichtet, daß sie bei 9 nur den Daumen zeigen.[5]

In Afrika bei den nördlichen Bantu und im Sudan[6], weniger bei den Hamiten[6], in Nordamerika bei den Dènè-Dindjié[7] findet sich eine Methode der Zahldarstellung in Gesten, die Marianne Schmidl und Struck

---

[1] Schmidl, S. 170.   [2] Schmidl, S. 171.   [3] Sapir, S. 265f.   [4] Petitot, S. LV.
[5] Schmidl, S. 180.   [6] Schmidl, S. 173ff.   [7] Petitot, S. LV.

als Prinzip der zwei möglichst gleich großen Summanden bezeichnen, die der Kristallograph Viktor Goldschmidt als Auffassungsgabe für zweiseitige Symmetrie ansieht[1], in der aber der Rechenlehrer nur die Benutzung der Tatsache sehen möchte, daß eine Menge innerhalb des ersten Zehners sich am anschaulichsten darstellen läßt, wenn man sie in Gruppen zu 3 oder zu 4 teilt. — So zeigen z. B. die Schambala, ein nordöstliches Bantuvolk, 1 durch Vorstrecken des Zeigefingers der rechten Hand, 2 indem sie dazu noch den Mittelfinger strecken, beide Finger aber gespreizt halten, 3 indem sie Mittelfinger, Ringfinger und kleinen Finger ausspreizen, 4 indem sie nun den Zeigefinger hinzufügen, wobei dann aber der kleine Finger und der Ringfinger einerseits sowie der Mittel- und der Zeigefinger anderseits aneinandergelegt werden. Die Zahl 5 zeigen sie durch Ballen der Faust, bei 6 zeigen sie die Geste für 3 an jeder Hand, bei 7 zeigen sie 4 an der rechten und 3 an der linken Hand, bei acht 4 an jeder Hand, bei neun 5 an der rechten und 4 an der linken.[2] Bezüglich 10 vgl. S. 24. — Die Dènè-Dindjié in Kanada strecken bei Beginn des Zählens die linke Hand aus, die Handfläche gegen das Gesicht, und beugen, um 1 zu zeigen, den kleinen Finger um. Bei 2 beugen sie den Ringfinger dazu, bei 3 dazu noch den Mittelfinger, bei 4 zeigen sie, wie schon beschrieben, den Daumen der linken Hand, bei 5 öffnen sie die Hand und drehen sie nach außen. Um 6 zu zeigen, halten sie die linke Hand mit den Fingern ausgestreckt, trennen aber Daumen und Zeigefinger von den vereinigten 3 übrigen und fügen zu den beiden den Daumen der rechten Hand hinzu. Um 7 zu zeigen, isolieren sie an der linken Hand den Daumen von den übrigen 4 fest aneinandergelegten Fingern und schieben an ihn heran noch den Daumen und Zeigefinger der rechten Hand. Bei 8 bleibt die in 7 vorkommende Vierergruppe unverändert, zu der aus Daumen der Linken sowie Daumen und Zeigefinger der Rechten bestehenden Gruppe wird aber noch der gestreckte Mittelfinger hinzugefügt. Bei 9 zeigen die Dènè-Dindjié, wie schon beschrieben, nur den kleinen Finger der Rechten, bei 10 schlagen sie, wie auch schon S. 24 angegeben, die Hände zusammen.[3] Wir haben es bei der Zahldarstellung nach dem Prinzip der zwei möglichst gleich großen Summanden mit dem Gesetz der Isolation zu tun, aber in komplizierterer Weise, als es bei der 10 der Zuni (vgl. S. 15, 29) der Fall war, insofern nämlich, als aus der Gesamtzahl der gezeigten Finger zwei Teilgruppen gleich stark von der Aufmerksamkeit herausgehoben werden. Bei der 7 der Dènè-Dindjié z. B. besteht die eine Teilgruppe aus dem Daumen der Linken sowie Daumen und Zeigefinger der Rechten, die andere damit für die Aufmerksamkeit gleichwertige aus den übrigen vier Fingern der Linken.

---

[1] Goldschmidt, S. 123.   [2] Schmidl. S. 173.   [3] Petitot, S. LV.

In ihrer Art nicht ganz zu erklären sind die Zählgesten von 1 bis 5, wie sie die Takelmaindianer machten. Bei 1 hielten sie den kleinen Finger der Linken unter den kleinen Finger der Rechten, bei 2 den Ringfinger der Linken unter den Ringfinger der Rechten, entsprechend verfuhren sie bei 3 mit beiden Mittelfingern, bei 4 mit den Zeigefingern und bei 5 mit den beiden Daumen.[1]

Wenn ein Volk, das zum Zählen nur die Finger und nicht auch die Zehen benutzt, über 10 hinaus rechnet und dabei noch Gesten macht, so ist der einfachste Fall der, daß für den zweiten und jeden folgenden Zehner die gleichen Gesten ausgeführt werden wie für den ersten. Dies finden wir z. B. in Nordamerika bei den Dènè-Dindjié[2] und Dakota.[3] Die Zulukaffern hingegen in Afrika zählen den zweiten Zehner in umgekehrter Richtung wie den ersten, den dritten wieder in ursprünglicher Richtung, den vierten in umgekehrter usw.[4] Viele Bantuvölker zeigen die Vollendung eines jeden Zehners durch Klatschen in die Hände an (vgl. S. 24), und zwar klatschen sie ebenso oft wie sie Zehner vollendet haben.[5] Andere Bantuvölker, die die 10 dadurch anzeigen, daß sie beide Fäuste ballen, tun dies bei 20 zweimal, bei 30 dreimal usw. Wenn gewisse Bantuvölker, wie die Basoga-Batamba in zusammenhängender Rede, in der sie nie die Zahlgeste auslassen, eine Zehnerzahl, etwa 20, 30, 40 oder 50 angeben wollen, so zeigen sie 2, 3, 4 oder 5 Finger.[6] Etwas Ähnliches scheint bei den Krähenindianern in Nordamerika der Fall gewesen zu sein.[7] Es liegen übrigens in derartigen Gesten für die Zahlen über 10 hinaus weitere kleine Schritte auf dem Weg zur Abstraktion vor. — Bei manchen Völkern erscheint der Zusammenhang der über 10 liegenden Zahl mit der Geste, durch die sie angegeben wird, mehr oder weniger gekünstelt. So können sich z. B. die Mongo am Kongo bis 15 durch Hand- und Fingergesten verständlich machen. Während sie 5 durch Hinhalten der offenen Hand anzeigen und 10 dadurch, daß sie beide Handflächen aneinanderlegen, zeigen sie die Zahlen von 11 bis 15, indem sie eine Hand schließen und an der anderen Hand so viel Finger vorweisen, wie Einer über 10 hinaus vorhanden sind.[8] Die Masai und Nandi geben 20 an durch zwei- oder dreimaliges Öffnen und Schließen der Faust, 30 dadurch, daß sie die 1 zeigen und zugleich mit der ganzen Hand zittern, 40 dadurch, daß sie mit zitternder Hand die 4 und 50 dadurch, daß sie mit zitternder Hand die 5 zeigen.[9] Die 1 bei 30 bedeutet wahrscheinlich einen Zehner über 20, bei 40 und 50 bedeutet die 4 bzw. 5 natürlich 4 bzw. 5 Zehner. Das Zittern soll wohl andeuten, daß Zehner gemeint sind. Auch die Benganeger, die Pott als zum „großen alliterierenden Kongisch - Kafferischen Südstamme Afrikas"

---

[1] Sapir, S. 265 f.   [2] Petitot, S. LV.   [3] Pott II, S. 67.   [4] Schreuder, § 16, S. 307.   [5] Schmidl, S. 179 f.   [6] Condon, S. 369.   [7] Pott II, S. 64.   [8] Viaene, S. 509.   [9] Merker, S. 151.

gehörig bezeichnet, sollen mit großer Leichtigkeit und voller Sicherheit des Verständnisses auf seiten des Zuhörers Hunderter, Zehner und Einer in Gesten zur Darstellung bringen.[1] Die Baluba am Kongo, bei denen Schließen der beiden Hände 10 bedeutet, geben 100 an, indem sie in Höhe des Mundes in die Hände klatschen.[2] Bei den Takelmaindianern war vermutlich der ausgestreckte linke Arm 100, und zwar, wie man annimmt, weil der Abstand vom Ellbogen bis zur höchsten Tätowierungsmarke an der Schulter ebenso lang war wie eine Schnur von 10 wertvollen Dentaliamuscheln, die ihrerseits wieder 100 einfache Dentalia an Wert aufwog.[3]

In Afrika finden sich Völker, die in ihrer Arithmetik ein gewisses Verständnis für den Unterschied zwischen Reihenzahl und Mengenzahl klar zum Ausdruck bringen. Dazu rechnen unter den Bantuvölkern die Rundi, und Basa, unter den Hamitenvölkern die Masai und Nandi.[4] Die Rundi benutzen beim Abzählen von Reihen, z. B. von Perlen, die bei ihnen als Münze gelten, die Finger wie die Kugeln einer Rechenmaschine, indem sie also z. B. bei 8 erst 5 Finger an der einen Hand abzählen und dann noch 3 Finger von der anderen Hand hinzufügen. Wenn sie aber 8 in einem Bericht angeben, wo es also darauf ankommt, daß der Zuhörer die Zahl möglichst schnell auffaßt, so benutzen sie das Prinzip der zwei möglichst gleich großen Summanden und zeigen also 8, indem sie an jeder Hand 4 Finger aufweisen. Die Masai begleiten, wenn sie in einem Bericht Zahlen angeben, die Zahlworte durch ihre S. 31 beschriebenen Gesten. Wenn sie aber Reihen abzählen, so benutzen sie die Methode, die S. 32 dargestellt wurde. Ganz ähnlich liegt die Sache bei den Nandi.

Die Seite 33 beschriebenen Gesten der Kuanyama, Yaelima und Takelma sowie die S. 33 beschriebenen Gesten der Dènè-Dindjié, Nkosi und Basa, die ein tiefes Zahlenverständnis erkennen lassen, vor allem aber auch sämtliche mehr oder weniger erkünstelten Gesten kommen für die erste Einführung in den Rechenunterricht in der Schule deswegen nicht in Frage, weil es dort zunächst von Wichtigkeit ist, die richtige Vorstellung der durch die Zahlworte angegebenen wirklichen Mengengrößen zu erwecken. Infolgedessen werden in der Schule die Finger zunächst als selbständige Zählobjekte und erst in zweiter Linie zur Symbolisierung abzuzählender oder zu berechnender Einheiten benutzt, weshalb es nötig ist, daß das Rechnen an den Händen die Einheiten einer jeden Menge klar und deutlich in die Erscheinung treten läßt, und daß ferner jedes irgendwie die Aufmerksamkeit belastende, wenn auch sonst noch so gute Beiwerk wegfällt. Die Zusammengehörigkeit der Finger der einen Hand mit denen

---

[1] Pott II, S. 42 ff.   [2] Viaene S. 509 f.   [3] Sapir, S. 266.   [4] Schmidl, S. 174, 185 f., 199.

der anderen zu einer einzigen Menge wird deshalb dadurch genügend zum Ausdruck gebracht, daß die Finger beider Hände hinreichend nahe aneinander gerückt werden. Aus ähnlichen Gründen, weil Veranlagungen der verschiedensten Art berücksichtigt werden müssen, empfiehlt es sich nicht ganz allgemein, die Finger beim Zählen und Rechnen über 10 hinaus benutzen zu lassen. Allerdings kann man ab und zu Kinder beobachten, die von selbst auf die Idee kommen. Ganz anders liegt die Sache mit der für gewisse Völker Afrikas nachgewiesenen Unterscheidung zwischen Reihenzahl und Mengenzahl. Wenn auch gewisse Methodiker sich bemüht haben, diesen Unterschied klar hervortreten zu lassen, so kann man doch beobachten, daß er in der tatsächlichen praktischen Rechenmethodik nicht genügend mit Bewußtsein berücksichtigt wird, weshalb dann die Gefahr eines mechanischen Verbalismus groß ist.

Die Völker, welche die Gesten für die Zahlen von 1 bis 10 an den Fingern und von 10 bis 20 an den Zehen oder mit Händen und Füßen ausführen, sind außerordentlich zahlreich. Sie decken sich im wesentlichen mit den Völkern, die nach Zwanzigergruppen zählen. Jedoch finden Ausnahmen statt. So zählen z. B. die Lhota-Naga in Assam nach Zehnern, benutzen dabei aber die Finger und die Zehen.[1] Die Arago oder Alago in Nigerien im Gegensatz dazu zeigen bei 20 einen deutlichen Einschnitt dadurch, daß sie, um diese Zahl anzudeuten, die Hände auf die Füße legen, zählen aber von 11 bis 20 genau so an den Fingern wie von 1 bis 10.[2] Sehr deutlich zeigen die Gruppierung nach Zwanzigern auch die Efik im Sudan. In ihren Gesten aber wird 5 durch eine geballte Faust angegeben, 10 durch zwei geschlossene Hände, 15 durch Beugen eines Armes, so daß die Hand die Schulter berührt, 20 durch Hin- und Herbewegen eines Fingers vor der Brust. Für 40 bewegen sie dann zwei Finger hin und her, für 60 drei usw. Aus diesen Zeichen und aus den Zeichen für die Zahlen von 1 bis 4, die durch entsprechende Anzahl Finger dargestellt werden, setzen sie die Gesten bis 99 zusammen. Für 100 wird die geschlossene Faust vor der Brust hin und her bewegt.[3]

In Asien ist das Zählen an Fingern und Zehen bis 20 bei den Völkern des malaiischen Archipels weit verbreitet[4], auf dem asiatischen Festland finden wir es im Süden bei primitiven Stämmen Indiens, z. B. bei den Ao[5], im Norden bei sibirischen Völkern, z. B. bei den Tschuktschen[6] und Kamtschadalen.[7] In der Südsee finden wir es bei gewissen Völkern Neuguineas[8] und des Bismarckarchipels[9] sowie noch auf manchen anderen Inselgruppen, z. B. auf den Tonga-[10] und Loyaltyinseln.[11]

---

[1] Witter, S. 26. [2] Judd, II, S. 32. [3] Schmidl, S. 191. [4] Nieuwenhuis, S. 26. [5] Peal-Klemm, S. 348. [6] Erik Nordenskiöld, S. 210. [7] Pott I, S. 57. [8] Neuhaus, S. 25, Behrmann, S. 187/188. [9] H. Müller, S. 83. [10] Buschan, II. Bd., S. 264. [11] Brown, S. 302.

Die Kaileute von Deutsch-Neuguinea beginnen die Zählung durch Einbiegen des kleinen Fingers der linken Hand und fahren bei 6 am kleinen Finger der rechten Hand fort, bei 11 gehen sie zu einer großen Zehe über. Ähnlich verfahren die Leute von Malu, ebenfalls in Deutsch-Neuguinea. Eine Faust bedeutet 5, die beiden Fäuste bedeuten 10, wenn man sich bückt und die Fäuste auf die Füße legt, so bedeutet das 20. Die Sulka auf Neupommern (vgl. S. 20) ordnen bei einer ihrer Zählmethoden die abzuzählenden Gegenstände den einzeln vorgewiesenen Fingern und Zehen zu. Bei jedem Finger und jeder Zehe sagen sie „diese eins", nach Vollendung der ersten sowohl wie nach Vollendung der zweiten Hand „diese Hand", dann halten sie die geschlossenen Hände mit der Innenseite gegeneinander und sagen „zwei Hände". Bei 11 gehen sie zur großen Zehe eines Fußes über. Bei 15 erreichen sie die kleine Zehe und sagen wieder „diese Hand". Darauf sagen sie „zwei Hände fertig mit einem Fuß". Nun geht die Rechnung am folgenden Fuß weiter, und wenn dieser mit genau denselben Worten wie die beiden Hände und der eine Fuß durchgezählt sind, halten sie die geschlossenen Hände, die Innenseiten einander zugekehrt, gegen die Füße und sagen „zwei Hände fertig mit zwei Füßen" oder „ein Mensch" bzw. ein „Mensch reicht". Geht die Rechnung über 20 hinaus, so werden dieselben Gesten an den Fingern und Zehen eines Genossen ausgeführt.[1] Auf Lifu (Loyaltyinsel) begann man bei 1 mit dem Daumen einer Hand, ging bei 6 zum Daumen der zweiten Hand über, bei 11 zur großen Zehe des einen Fußes und bei 16 zur großen Zehe des anderen.[2]

Besonders weit verbreitet ist auch das Hand-Fuß-System unter den Urwaldstämmen Südamerikas, bei gewissen Naturvölkern Mittelamerikas und Mexikos und unter den Eskimo Nordamerikas. Von den Steinen fand es bei sämtlichen Stämmen am Kulisehu, einem Quellfluß des Schingu, mit Ausnahme der Bakairi. Die Kulisehustämme zählten vom Daumen der rechten Hand ab bis 5, gingen bei 6 zum Daumen der linken Hand, rechneten bis 10 und machten es genau so an den Füßen.[3] In Mexiko hatten, wie P. Matthaeus Steffel berichtet, die Tarahumaren ein Zählsystem an Händen und Füßen. Wenn sie 10 aussprachen, so zeigten sie die Hände mit den ausgestreckten 10 Fingern, bei 20 streckten sie ihre 10 Finger gegen die Füße.[4] Wenn die Unaliteskimo anfingen zu zählen, so hielten sie beide Hände geschlossen, die Flächen nach unten, die Daumen nahe zusammengerückt in Leibeshöhe vor den Körper. Dann fingen sie mit Strecken des kleinen Fingers der rechten Hand an, erreichten bei 5 den Daumen, streckten bei 6 den kleinen Finger der linken Hand und erreichten bei 10 deren Daumen. Unterdessen waren beide Hände ein wenig

---

[1] H. Müller, S. 83.   [2] Ray II, S. 269.   [3] von den Steinen I, S. 405f.
[4] Pott I, S. 10.

vom Körper abgerückt. Darauf wurde der rechte Fuß etwas vorgerückt, und der rechte Zeigefinger zeigte auf dessen kleine Zehe. Beim Sprechen von 15 streckten sie beide Hände mit gleichfalls noch ausgestreckten Fingern, die Flächen nach unten, gegen den rechten Fuß, welcher inzwischen ein wenig mehr vorgerückt war. Darauf ließ der Rechner die linke Hand zur Seite fallen, zeigte auf die linke große Zehe, indem er 16 sprach, und ging von da ab alle noch übrigen Zehen und Zahlen bis 20 durch. Wenn der Rechner saß, so streckte er beim Sprechen von 20 die Hände und Füße geradeaus von sich, und zwar hatten die Hände die Flächen nach unten. Wenn er stand, so wurden beim Aussprechen von 20 die offenen Hände mit einer leichten Bewegung nach unten gestreckt.[1]

In Afrika finden sich Gesten an Händen und Füßen für die Zahlen von 1 bis 20 unter den Bantunegern, z. B. bei den Bua, bei den Stämmen des Leopoldsees, bei den Gogo und bei den Nyandja[2], unter den Sudannegern z. B. bei den Baria, Kunama[3], Abarambo[4], Banda, Hausa[5] und Asande oder Niam-Niam.[6] Die Abaramba zeigen die Zahlen bis 5 mit einer Hand an, bis 10 mit beiden Händen, bis 15 mit beiden Händen und einem Fuß und bis 20 mit beiden Händen und beiden Füßen. Sie schlagen bei 10 beide Hände gegeneinander, bei 15 beide Hände auf ein Bein und bei 20 beide Hände auf beide Beine auf einmal. Die Niam-Niam umfassen, wenn sie 15 aussprechen, das eine Knie mit beiden Händen, offenbar um „10 + 5" anzudeuten. Für 20 haben sie zwei Worte. Wenn sie das eine aussprechen, so umfassen sie beide Knie mit beiden Händen, was offenbar „10 + 10" bedeutet.

Rechnen an den Zehen kommt für unsere Schulen schon wegen der Fußbekleidung nicht in Frage. Die Völker, welche an den Fingern und Zehen rechnen, lassen sich, wenn es über 20 geht, in zwei Gruppen teilen, je nachdem, ob sie es machen wie die Abiponen[7], die dann an den eigenen Fingern und Zehen weiterzählen, oder ob sie das Verfahren der Sulka benutzen. Das Zählen der ersten Gruppe erscheint jedenfalls vom psychologischen Standpunkt aus betrachtet entwickelter als das Zählen der zweiten, die mehr an das Verhalten unserer Kinder beim ersten Rechnen über 10 hinaus erinnert.

Schließlich sei noch der Gesten gedacht, welche die Naturmenschen machen, wenn sie viel, eine ungezählte Menge oder überhaupt eine unbestimmte Zahl angeben wollen, womit ja die meisten von ihnen, weil sie das Zählen und Rechnen als lästig empfinden, schnell bei der Hand sind. Besonders aus Südamerika liegen zahlreiche Berichte vor, wonach die

---

[1] Nelson, S. 236/237.   [2] Schmidl, S. 181.   [3] Schmidl, S. 190.   [4] Viaene, S. 510.   [5] Eisenstädter, S. 180.   [6] Schweinfurth, S. 51.   [7] Pott I, S. 5; Dobritzhofer, S. 202f.

Naturvölker, um viel anzuzeigen, die Haare in Büscheln nach allen Seiten auseinanderziehen. Die Bakairi[1] am Kulisehu und die Carajaindianer[2] am Rio Araguaya taten dies schon bei größeren Zahlen als 20. Auch von den Boraindianern am Putumayo berichtet Seminario, daß sie größere Mengen bezeichnen, indem sie mehr oder weniger umfangreiche Büschel Haare nehmen.[3] Von den Galibi, einem Karaibenstamm, schreibt Pott nach einer Quelle aus der Mitte des 18. Jahrhunderts, daß sie „eine (natürlich bloß unbestimmt) große Zahl durch einen Gestus andeuten, indem sie auf ihre Haare weisen und davon einen mehr oder minder beträchtlichen Griff fassen je nach der Größe, welche sie ausdrücken wollen. Zuweilen selbst, um eine sehr große Zahl auszudrücken, zeigen sie auf ihren ganzen Haarwuchs, und wenn sie gar noch den ihrer Zuhörer hinzufügen, geschieht es, um eine unendliche Zahl zu bezeichnen.“[4] Aus Französisch-Guayana erzählt Roth von einer alten Indianerfrau, die im Dorf nach der Anzahl der Hütten gefragt wurde, welche auf einer Seite lagen. Sie antwortete „zehn“. Als man dann nach der Gegend der Häuptlingswohnung hinwies, wo die Hütten viel zahlreicher waren, nahm sie eine Handvoll Haare, um deren große Zahl zum Ausdruck zu bringen, und sagte „so viele“.[5] Manchmal auch zeigten die westindischen Karaiben, wie Pott nach Rochefort, einer holländischen Quelle aus dem 17. Jahrhundert angibt, um eine große Zahl anzudeuten, zu der ihre Rechnung nicht reichte, auf den Sand am Meer.[6] Die Abiponen nahmen zu dem gleichen Zweck einen Haufen Gras oder Sand in die Hände.[7] — Eine eigenartige Geste aus Afrika von den Zulukaffern zur Angabe einer unbestimmt großen Zahl meint offenbar Döhne, wenn er schreibt: „An indefinite number which the natives use when they have hundreds for all ten fingers the fingers then being bent together.“[8]

Auch die Frage nach den Gesten wird erst durch ein folgendes Kapitel über die Zahlworte ihre vollständige Beantwortung erhalten.

---

[1] von den Steinen I, S. 407.   [2] Ehrenreich II, S. 57, 1894.   [3] Seminario, S. 93. [4] Pott II, S. 68.   [5] Roth, S. 720.   [6] Pott II, S. 68.   [7] Pott I, S. 5. Dobritzhofer, S. 202f.   [8] Pott II, S. 45 Anm.

FÜNFTES KAPITEL

AUSFÜHRUNG LÄNGERER RECHNUNGEN, BRUCHRECHNUNG

Bei der Mehrheit der Rechnungen der Naturvölker handelt es sich, wie die vorangehenden Kapitel beweisen, um ein Aneinanderfügen von Einheiten sowie Vereinigen dieser Einheiten zu Gruppen bzw. um ein Aneinanderfügen von Gruppen und deren Vereinigung zu größeren Gruppen, also eigentlich um Zählen und Addition. Meistens sind die Operationen kurz und einfach. Es liegen aber auch Beispiele für größere, mehr zusammengesetzte und tiefer erfaßte Rechnungen sowie für die übrigen Grundrechnungsarten vor. Einige wurden ja schon unter anderem Gesichtspunkt mitgeteilt.[1]

Es sei nun zunächst ein Fall angeführt, in dem von einem Naturmenschen auf Grund eines starken Gedächtnisses der Prozeß der Zuordnung in besonders weitem Maße in primitiver Weise angewandt wurde. Der englische Gouverneur von Nord-Borneo, Sir Charles Brooke, erteilte, wie Ling-Roth[2] berichtet, einem Dayak namens Sadon 45 verschiedene Aufträge, die er in 45 verschiedenen Dörfern ausführen sollte. Der Dayak nahm Papierstückchen und ordnete jeden Auftrag in ganz bestimmter Reihenfolge einem Papierstückchen und einem Finger bzw. einer Zehe zu. Natürlich mußte er die Finger und Zehen mehrmals durchlaufen. Er setzte bei der ganzen Operation die Füße auf den Tisch. Als Sir Charles Brooke mit der Aufzählung der Aufträge fertig war, bat ihn der Dayak, das Ganze nochmals zu wiederholen. Dies geschah, und der Dayak bezog dabei wiederum jeden Auftrag auf das betreffende Körperglied. Die Zettel blieben geordnet auf dem Tisch liegen, und am späten Abend wiederholte dann Sadon selbst alle Aufträge mitsamt der von ihm vorgenommenen Beziehung, wobei er jedes Papierstück mit einem Finger berührte. Darauf schob er die Zettel zusammen. Am folgenden Morgen ordnete er die Zettel wieder in einer Reihe und wiederholte die ganze Operation mit allen Aufträgen nochmals. Dann begann seine Reise. Er zog einen ganzen Monat lang durch das Innere des Landes und führte in jedem Dorf den richtigen Auftrag aus.

---

[1] vgl. S. 8f. dieser Arbeit.   [2] Ling-Roth, S. 77.

Isert[1] schreibt, wie Neger aus Guinea, die nie eine Schule besucht hatten, zu seiner Zeit im Handelsverkehr mit den Weißen addierten und multiplizierten. Die herrschende Münze war der Cabes (ihi der Neger), der 2 Reichstaler betrug.

4 Cabes = 1 Gua (8 Reichstaler), 2 Gua = 1 Guenno (16 Reichstaler), 2 Guenno = 1 Benda (32 Reichstaler).

Wenn der Neger mehrere Gegenstände zugleich kaufte, so zählte er zunächst für jeden Gegenstand einzeln so viel Boß oder Schlangenköpfe ab, wie sein Preis an Cabes betrug. Dann zählte er nach, wieviel Boß im ganzen vorhanden waren und wußte so den Preis, den er für alle Waren zusammen zahlen mußte. Kostete eine Ware eine ungleiche Anzahl Reichstaler, etwa 7, so legte er 3 große und 1 sehr kleinen Schlangenkopf zurück. Wenn der Neger einen Sklaven verkauft hatte, für den er 5 Benda bekommen sollte, so rechnete er, um zu wissen, wie viel Cabes ihm zukamen, nicht wie wir im Kopf $5 \times 16 = 80$, sondern er legte für jeden Benda 16 Schlangenköpfe hin, zählte, nachdem dies geschehen war, die Gesamtzahl der Schlangenköpfe vom ersten an durch und fand so, daß ihm 80 zukamen.

Robert Unterwelz[2] erzählt, wie seine Negerträger die Multiplikation 23×3 ausführten. Er rief ihrem Aufseher zu: „Ihr seid 23 Leute, und jeder soll 3 Maiskolben bekommen. Geh rasch und bestell sie." Bei der großen Beratung, die nun eintrat, bissen sie für je einen Menschen einen Grashalm in 3 Stückchen, legten alle Stückchen auf einen Haufen zusammen und zählten dann, wieviel es waren. Die Vornahme von Divisionen berichtete Brown[3] aus Samoa. Wenn in alter Zeit dort die Verteilung einer größeren Menge von Dingen irgendwelcher Art etwa von Tausenden von Fischen unter eine große Anzahl von Personen vorgenommen werden mußte, so stellte man je 10 der zu verteilenden Gegenstände durch eine Kokospalmblattrippe dar, verteilte zunächst die Rippen, also die Anzahl der Zehner, und ging dann zur Verteilung der noch vorhandenen Einer über.

Tatsächliches Verständnis des Rechnens nach Zehnern stellte Thurnwald[4] bei seinen Forschungen in der Südsee fest. Ein Manusmann aus Lambutjo, namens Mamenga, der nie irgendeinen europäischen Unterricht genossen hatte, löste die Aufgabe, 7 Stäbchen und 6 Stäbchen zu addieren dadurch, daß er erst die 7 Stäbchen einzeln zählte, dann die 6 Stäbchen in 3 und 3 zerlegte, eine Dreiergruppe mit den 7 Stäbchen zu 10 vereinigte, also die Aufgabe rechnete $7 + 3 = 10$, darauf erst zu den 10 Stäbchen die übrigen 3 hinzufügte und schließlich die Antwort gab „13". Als er dann zu den 13 Stäbchen noch weitere 7 addieren sollte,

---

[1] Pott I, S. 26f.   [2] Unterwelz, l. c.   [3] Brown, S. 303.   [4] Thurnwald I, S. 20ff.

nahm er erst von den 13 wieder 3 fort, rechnete also die Aufgabe $13 - 3 =$ 10, zählte die 3 weggenommenen mit den 7, die addiert werden sollten, zu einem neuen Zehner zusammen und vereinigte schließlich die beiden Zehner zu 20. Als Thurnwald ihm weiter nebeneinander 3 Gruppen von je 5 Stäbchen, darauf eine von 4 Stäbchen und dann wieder 2 Gruppen von 5 Stäbchen hinlegte mit der Aufforderung, sie alle zu addieren, da faßte der Mann die erste Gruppe auf einen Blick als 5 auf, fügte die beiden folgenden Fünfergruppen rasch zu 10 zusammen, vereinigte diese 10 mit den ersten 5 zu 15, fügte darauf 4 hinzu, rechnete also $15 + 4 = 19$, zerlegte die folgende Fünfergruppe in 1 und 4, rechnete nun zunächst $19 + 1 = 20$, dann $20 + 4 = 24$ und schließlich $24 + 5 = 29$. — Es ist festzustellen, daß Mamengas Art zu rechnen im wesentlichen mit der Art übereinstimmt, die unseren Kindern in der Schule an der Rechenmaschine usw. beigebracht wird. Thurnwald betont jedoch, daß Mamenga, wenn Ermüdung eintrat, von der Gruppenbildung zum Zählen von 1 zu 1 überging. Die Ermüdung ist ein psychophysischer Faktor, der bei uns die gleiche Erscheinung hervorzubringen imstande ist.

Den meisten Naturvölkern scheinen nur die einfachsten Brüche bekannt geworden zu sein. Die Kenntnis des Bruches $\frac{1}{2}$ teilt Ray[1] von den Koitapapua mit, Alfred Maaß[2] von den Mentawaiinsulanern, McGee[3] von den Seriindianern. Witter[4] gibt für die Lhota-Naga $\frac{1}{2}$, $1\frac{1}{2}$ und $\frac{1}{3}$ an. Kock[5] schreibt, daß die Tokanoindianer nur von $\frac{1}{2}$, $1\frac{1}{2}$ und $2\frac{1}{2}$ wußten. Parker[6] berichtet merkwürdigerweise, daß ein Wedda, der ihm versicherte, die Wedda könnten nicht zählen, wobei er aber offenbar ihre ausgebildete Zählkunst im Vergleich mit derjenigen der Singhalesen und Europäer meinte (vgl. S. 5, 9, 14, 17), im Laufe der Unterhaltung $\frac{1}{2}$ durch Kreuzung seines rechten Zeigefingers mit dem linken dargestellt habe. Nach Parkinson[7] fehlt den Küstenbewohnern der nördlichen Gazellehalbinsel für genaue Bruchrechnung jedes Verständnis. Dem steht jedoch gegenüber, daß sie vielfach Muschelgeld zu 10 % ausleihen[8], ähnlich wie die primitiven Malaien des ostindischen Archipels[9], bei denen die Rechte zum Suchen von Buschprodukten und die Äcker zu $\frac{1}{10}$, $\frac{1}{4}$ oder $\frac{1}{2}$ des Ertrages verpachtet wurden.

---

[1] Ray I, S. 361.   [2] Maaß I, S. 95.   [3] McGee II, S. 308.   [4] Witter, S. 27.
[5] Kock, S. 851.   [6] Parker, S. 86.   [7] Parkinson, S. 733.   [8] Brown, S. 298.
[9] Nieuwenhuis l. c.

SECHSTES KAPITEL

ZAHLWORTE, ZAHLWORTREIHEN

Die Fabel von den Völkern, die nicht bis 3 oder 5 zählen können, in dem Sinn, daß ihre geistigen Anlagen dazu nicht ausreichen, will nicht aussterben. Sie ist viele Jahrhunderte alt, schon Leibniz[1] spricht davon. Wie manche Fabeln enthält sie Wahrheit und Irrtum nebeneinander. Wahrheit scheint zu sein, daß es tatsächlich viele Völker gibt, deren Zahlwortreihe nicht über 3 oder 5 hinausgeht. Der Irrtum ist ein doppelter, ein mathematischer und ein psychologischer. Den mathematischen Irrtum kritisiert Alexander von Humboldt mit folgenden Worten: „Wenn die Reisenden aber berichten, daß ganze Völkerschaften in Amerika nicht über 5 zählen können, so darf man ihnen ebensowenig Glauben schenken wie einem Chinesen, der in seinem Hochmut behaupten würde, die Europäer könnten nicht über 10 zählen, weil 17 und 18 sich zusammensetzen aus der Zehn und den Einern.“[2] Der psychologische Irrtum besteht darin, daß man annimmt, erst durch den Nachweis der Zahlworte sei der Nachweis der Zähl- und Rechenfähigkeit erbracht.

Nur bis 2, höchstens 3, und zwar in übernommenen Zahlworten der austro-asiatischen Sprache, sollen heute die Semangpygmäen auf der asiatischen Halbinsel Malakka zählen.[3] Die Sakai, ein niedrigstehender Volksstamm im Batang-Padang-Gebiet in Zentral-Malakka, zählten ursprünglich in Worten nur bis 3, und 3 bedeutete zugleich schon eine große Zahl. Wenn ein Sakai z. B. zum Ausdruck bringen wollte, daß er viele Kinder habe, so sagte er, er habe 3. Ebenso gaben Greise an, sie seien 3 Jahre alt. Heutzutage können aber viele Sakai mit Hilfe der malaischen Zahlen von 4 an weiter zählen[4]. Nevill schreibt, frühe Beobachter hätten Recht gehabt, wenn sie von den Wedda auf Ceylon behaupteten, praktisch hätten die Worte für 1, 2, mehrere, viele, sehr viele ihren Gebrauch an Zahlen ausgemacht. Parker hält diese Angabe allerdings selbst für die Waldwedda nicht für endgültig, obwohl ein dem wilden Zustand noch sehr nahestehender Dorfwedda Parker versicherte, die Wedda brauchten keine Zahlwörter, sie brauchten einfach die Mehrzahl „Bäume“ oder „Büffel“, ohne die Zahl zu spezifizieren.[5]

---

[1] Leibniz, S. 32 der Lindnerschen Ausgabe, Unvorgreifliche Gedanken usw. [2] A. v. Humboldt II, S. 248. [3] W. Schmidt II, S. 125/126. [4] Tauern I, S. 531. [5] Parker, S. 86/87.

In Afrika haben die Kungbuschmänner von Okawango Zahlworte bis 5, jedoch bedeutet das Zahlwort für 3 bei ihnen zugleich viel.[1] Bei den Khambuschmännern reicht die Zahlwortreihe bis 4, und bei ihnen bedeutet 4 auch viel.[1] In der großen Sammlung von Buschmanntexten von Bleek kommen nur die Zahlworte von 1 bis 3 vor.[1]

Die Sprache der Conibos am Ucayale in Südamerika enthält ursprünglich, wie Marcoy angibt, nur die Zahlworte „atschupre" = 1 und „rrabui" = 2. Im Jahre 1865, als Marcoy dort war, zählten sie aber in der Khechuasprache bis 1000 und darüber.[2] Die Botokuden zwischen dem Rio Doce und Rio Pardo in Brasilien hatten, wie Ehrenreich berichtet, nur Zahlworte für 1 und 2, nämlich „pogik" = 1 und „kripo" = 2. Was über 2 hinausging, nannten sie „uruhu" = viel.[3] Ebenso besitzen die Guayaki zwischen dem oberen Parana und dem Paraguayfluß nur zwei einheimische Zahlworte.[4] Das gleiche wird schließlich 1870 in der Zeitschrift für Ethnologie von den südlichen Cayapo oder Goyaz in der Provinz Matto Grosso in Brasilien berichtet.[5] Eine Mitteilung von 1894 in der nämlichen Zeitschrift fügt noch das Zahlwort für 3 hinzu und sagt, alles über 3 werde viel genannt.[6] Auch die Abiponen waren leicht geneigt, obwohl sie Zahlworte hatten über 3 hinaus, deren Gebrauch zu vermeiden, und alles, was über 3 ging, viel oder unzählig zu nennen. Als einst, wie Dobritzhofer schreibt, in einem Abiponendorf 10 spanische Soldaten ankamen, schrie das von allen Seiten zusammengelaufene Volk, „überaus viele Leute kommen."[7] Von Spix und von Martius schreiben, daß gleichfalls die Coropos, Puris und Coroados am Rio Xipoto in Brasilien jede Zahl über 3 durch das Wort viel ausdrückten.[8] Koch-Grünberg berichtet, daß die Schiriana, die er an der Grenze von Brasilien und Venezuela entdeckte, nur Zahlworte bis 3 hatten[9], und ebenso war es bei den Colorado Ecuadors. Diese benutzten sogar nur Worte, die sie bei den benachbarten Aimara entliehen hatten. Bei den Eingeborenen Patagoniens in der Gegend der Magalhaesstraße reicht die Zahlwortreihe bis 4, und 4 bedeutet auch viel.[10] Die Matako im Gran Chako haben Zahlworte bis 4 und nennen alles darüber viel.[11]

Besonders zahlreich sind stets die Nachrichten über Völker, die angeblich nicht über 3 oder 5 zählen können, aus Australien gekommen. In der Dhudhuroasprache von Viktoria, die vom Dyinningmiddhangstamm gesprochen wurde, hieß z. B. eins = „kurdavuny-a," zwei = „huladherabo", drei = „buraniyo". Das letzte Wort bedeutet auch einige, wenige, z. B. drei oder vier. Darüber hinaus sagten sie „nyanda" = viel.[12] In der Walshriversprache in Nordaustralien fällt viel mit 4 zusammen[13],

---

[1] Schmidl, S. 195.   [2] Marcoy, Gl. 1866, Bd. 9, S. 105.   [3] Ehrenreich, S. 46.
[4] Mayntzhusen, S. 20ff.; Vogt, S. 861.   [5] Kupfer, S. 239f.   [6] Ehrenreich II, S. 125.
[7] Dobritzhofer, S. 202f.   [8] von Spix, von Martius, I, S. 387.   [9] Koch-Grünberg III, l. c.
[10] Skottsberg, S. 610. [11] Amerlan, S. 202. [12] Mathew, S. 280. [13] W. Schmidt, S. 449.

in der Otatisprache am Kap Grenville in Nordqueensland reichten die Zahlworte bis 5, und 5 bedeutete zugleich viel.[1] Aber gerade in Australien deklinieren und konjugieren viele Stämme, deren Zahlwortreihe nicht über 3 reichen soll, im Singular, Dual, Trial und Plural[2], sehr im Gegensatz zu den bis 6 mit Worten zählenden Bakairi Südamerikas, deren Gleichgültigkeit den Zahlen gegenüber auch dadurch zum Ausdruck kam, daß bei ihnen der Plural überhaupt fehlte und z. B. Baum, Bäume oder Holz, alles nur „se" hieß, Haus, Häuser, Dorf immer nur „eti".[3] Die Australier beweisen dadurch, wie McGee bemerkt[4], daß sie jedenfalls zahlenmäßig klar bis 3 oder noch über 3 denken können.

In den meisten papuanischen Sprachen von Britisch-Neuguinea war zur Zeit, als die Cambridgeexpedition dort weilte, noch alles über 3 viel.[5] Auch in einigen melanesischen Sprachen von Britisch Neuguinea fand die Cambridgeexpedition Anzeichen, daß ursprünglich in Worten nicht über 3 gezählt wurde. Im Wedau z. B. hing das Wort „der vierte" mit viel zusammen. Als man aber das Fingerrechnen annahm, war ein Wort für 4 nötig, und man bildete es in der Form „2 + 2".[5] Detzner behauptet, in keinem der vielen Dialekte der sämtlichen Papuastämme Deutsch-Neuguineas, mit denen er zusammengetroffen sei, habe er für Zahlen von 4 ab und darüber hinaus Wortbezeichnungen gefunden. Manche hätten überhaupt nur für 1 und 2 je einen Ausdruck, die meisten jedoch auch für 3 ein eigenes Wort gehabt. Was darüber reichte, war viel.[6] Rawling und Wollaston endlich berichten von den Tapirozwergen in Holländisch-Neuguinea, sie hätten nur die Zahlworte 1 und 2.[7]

Der mathematische Irrtum, von dem wir sprachen, wird durch A. von Humboldts oben angeführte Worte treffend dahin charakterisiert, daß manche Berichterstatter das Wesen des Zahlensystems, wie es sich in den Zahlworten folgerichtig aussprechen muß, verkennen.

In einem Zweiersystem sind eben nur zwei Grundzahlworte, nämlich für 1 und für 2, unbedingt notwendig, und die Benennungen für alle übrigen Zahlen können schlimmsten Falls aus diesen Grundzahlworten zusammengesetzt werden, haben aber dann genau so ein Recht als Zahlworte angesprochen zu werden wie die Worte für 1 und 2. Die Völker, die nach einem Zweiersystem zählen, decken sich vollständig mit den Völkern, die nach Zweiergruppen rechnen (vgl. S. 20ff.). So zählen z. B. die Bakairi[8]: 1 = tokale, 2 = ahage, 3 = ahewao oder ahage tokale, 4 = ahage ahage, 5 = ahage ahage tokale, 6 = ahage ahage ahage.

Die Buschmänner am Vaal- und Rietriver zählen[9]: 1 = a, 2 = oa, 3 = uo, 4 = oa oa, 5 = oa oa a usw. bis 10.

---

[1] Ray I, S. 280.   [2] Lévy-Bruhl, S. 207.   [3] von den Steinen I, S. 409. [4] McGee I, S. 834.   [5] Ray I, S. 464.   [6] Detzner, S. 283.   [7] v. d. Broek, S. 32. [8] von den Steinen I, S. 406.   [9] Schmidl, S. 195.

Im Gumulgal[1] in Australien zählt man bis 6 in dem Aufbau 1 = urapon, 2 = ukasar, 3 = ukasar urapon, im Arunta[2] in Zentralaustralien 1 = ninta, 2 = tera, 3 = tera ma ninta, 4 = tera ma tera.

Es kommen aber auch größere Unregelmäßigkeiten im Aufbau vor, so z. B. im Südnarrinyerie,[3] wo die Zahlenreihe lautet: 1 = yammaite, 2 = ninkaienk, 3 = nepaldar, 4 = kukko-kukko, 5 = kukko-kukko-ki, 6 = kukko-kukko-kukko usw., angeblich soweit der Stamm es braucht, ferner im nördlichen Cayapo[4] in Südamerika, wo 1 pudet heißt, 2 amaikrut, 3 amaikrut i keket und wo dann alle weiteren Zahlen bis 6 aus amaikrut und keket zusammengesetzt werden, und schließlich im Goaribi[5], einer westlichen Papuasprache. Dort werden die Zahlworte bis 5 aus 1 = nao und 2 = neewa aufgebaut. Von 6 ab tritt dann an Stelle von neewa neis, und für 10 erscheint ein neues Wort godo.

Bei Völkern, die nach einem Vierersystem in Worten zählen, sind Grundzahlworte nur nötig für die ersten vier Zahlen und dann vielleicht noch für gewisse Vielfache von 4. Alles andere setzt sich wieder daraus zusammen. — Zu den nach einem Vierersystem zählenden Völkern gehören zunächst die bei Besprechung der Vierergruppierung angegebenen. Es kommen aber noch manche andere hinzu. In Kalifornien waren es z. B. die Chumasch und Salinan[6], bei denen das Vierersystem heute durch den Einfluß der Weißen zugunsten des Zehnersystems zurückgedrängt ist. In Indien finden wir Vierersysteme bei den Bodo und Mech[7], in Kambodscha und in angrenzenden Gebieten soll ursprünglich Vierersystem bei 16 primitiven Stämmen in Gebrauch gewesen sein, die noch jetzt mit dem Khmer die vier ersten Zahlworte gemeinsam haben, z. B. bei den Samré und Péar.[8] In Ozeanien hat Friederici Vierersystem bei den melanesisch sprechenden Völkern der Lemaireinseln[9] gefunden, ferner bei Papuasprachen redenden Völkern an der Neuguineaküste von Angriffshafen zur Humboldtbai.[9] Im Chumasch von Santa Cruz Island[10] zählte man: 1 = ismala, 2 = isxun, 3 = masex, 4 = ckumu, 5 = sit isma, 6 = sit isxun, 7 = sit masex, 8 = malawa. Außerdem hat sich nur noch erhalten 12 = masex-packumu. Augenscheinlich ging aber die Zählung zunächst weiter bis 16 als der ersten höheren Einheit, und die folgenden Zahlen wurden dann vermutlich durch Multiplizieren dieser Einheit und Addition der fehlenden Werte dazu gebildet. Im Mech oder Jalpaiguri[11] in Indien zählt man: 1 = thai-se, 2 = thai-ni oder thai-noi, 3 = thai-tham, 4 = thai-bri, 5 = thai-ba, 6 = thai-ro, 7 = thai-shini, 8 = jokhai-noi,

---

[1] W. Schmidt I, 1917/18, S. 474, 475, 485. [2] W. Schmidt I, 1917/18, S. 474/75, 485. [3] W. Schmidt I, 1912, S. 1018, 1024, 1025. [4] P. Antonio Maria, S. 236. [5] Ray III, S. 345. [6] Dixon u. Kroeber, S. 668. [7] Grierson, Bd. III, II, S. 132. [8] Khmer, S. 74; Laufer, S. 285f. [9] Friederici I, S. 42. [10] Dixon u. Kroeber, S. 682. [11] Grierson, Bd. III/II, S. 132.

9 = jokhai-noi-thai-se, 10 = jokhai-noi-thai-ni, 20 = jokhai-ba, 50 = jokhai-ba-ga-noi-jokhai-noi-thai-ni, 100 = sho.

In der Sprache von Dagur und Vatai auf dem Festland von Neuguinea in der Gegend der Inseln Yuo und Muschu[1] geht nach Friederici ein Zweiersystem in ein Vierersystem über. Man zählt: 1 = ate oder atin, 2 = bie, 3 = bihate, 4 = nebati, 5 = nebahate, 6 = nebatvie, 7 = nebat bihate, 8 = nebat biebie, 9 = nebat bihate bie, 10 = anauhip.

Zu den Völkern, die in Zahlworten ein Sechser- oder Zwölfersystem haben, also eigentlich Grundzahlworte nur brauchen für die ersten sechs bzw. zwölf Zahlen und für gewisse Vielfache davon, gehören in Westafrika und Mexiko diejenigen, die wir auch schon bei der Sechser- und Zwölfergruppierung besprachen. Es kommen aber in Westafrika noch gewisse Stämme hinzu. So zählen z. B. die Bulanda[2] 6 = gfad, 7 = gfad nign foda, 8 = gfad nign sibn, 9 = gfad nign habn, 10 = gfad nign tasila, 11 = gfad nign kif, 12 = gfad nign fad.

Spuren des Sechser- bzw. des Zwölfersystems sind im Sudan und den angrenzenden Gebieten außerordentlich weit verbreitet. Sie finden sich z. B. noch im Bola, bei den Aphos, im Ewe, im Ga, im Alagyan der Lagunen, im Legba, im Sarar, Kanyop, Biafada, im Mbredialekt des Banda, im Masa, in den Benue-Semi-Bantu-Sprachen Penin und Konguan, im Bube, im Huku und im Benga[3]. Im Bola enthält 12 deutlich die 6, und 24 soll nach Koelle ngepats nkebatr = 6 × 4 lauten.[3] R. Flegel berichtet von dem Zwölfersystem der Aphos nördlich des unteren Benue im Gebiet der Hausa, daß in ihm wenigstens die Zahlen von 13 bis 18 durch 12 ausgedrückt werden.[3] Im Huku heißt 1 = igimo, 12 = bakumba, 13 = dann bakumba igimo = 12 + 1 usw. bis 15 = 12 + 3[4]. Im Kongo schließlich sind Spuren des Sechsersystems in der Sprache der Rega und Songora.[5] — In Mexiko erweisen sich, wie Pott schreibt, zwei von den vier Zahlwortreihen der Tarahumaren nach ihren Stufenzahlen 6, 12, 36, 48 als einem Sechsersystem angehörig.[6]

Fünfersysteme oder Quinarsysteme bzw. pentadische Systeme, d. h. also Zahlwortreihen, in denen nur die Bezeichnungen für die ersten fünf Zahlen und vielleicht für gewisse Vielfache von 5 selbständige Worte sind, finden sich bei gewissen Schoschonenstämmen Nordamerikas. Die Schoschonen von Gabrielino[7] z. B. zählen: 1 = puku, 2 = wehe, 3 = pahe, 4 = watsa, 5 = mahar, 6 = pabahe, 7 = watsa kavia, 8 = wehe-s watsa, 9 = mahar kavia, 10 = wehe-s mahar, 11 = wehe-s mahar koi puku, 12 = wehe-s mahar koi wehe, 20 = wehes wehe-s mahar, 30 = pahe-s wehe-s mahar, 40 = watsa-hes-wehe-s mahar, 50 = mahar-es wehe-s mahar, 100 = wehe-s mahar-es wehe-s mahar.

---

[1] Friederici I, S. 41.   [2] Schmidl, S. 192.   [3] Schmidl, S. 192, 193, 177.   [4] Schmidl, S. 177, 178.   [5] Schmidl, S. 173.   [6] Pott I, S. 12.   [7] Dixon u. Kroeber, S. 681, 689.

Zu den Fünfersystemen kann man auch die schon oft erwähnten in Melanesien und Südamerika weit verbreiteten rohen Handfußsysteme rechnen, wenn sie, wie das vielfach vorkommt, nicht über 20 hinausgehen. Über 20 werden sie dann allerdings in der Regel zu vigesimalen Systemen. Ein derartiges Fünfersystem findet sich im Wedau[1], einer melanesischen Sprache Neuguineas. Man zählt dort: 1 = tagogi, 2 = ruag'a, 3 = tonug'a, 4 = ruag'a ma ruag'a, 5 = ura i-qa, 6 = ura-g'ela-tagogi, 7 = ura-g'ela-ruag'a, 8 = ura-g'ela-tonug'a, 9 = ura-g'ela-ruag'a-ma ruag'a, 10 = ura-ruag'a-i qa, 11 = ura-ruag'a-i-qa-au-ae-tagogi oder au-ae-tagogi, 12 = ura-ruag'a-i-qa-au-ae-ruag'a oder au-ae-ruag'a, 15 = ura-ruag'a-i-qa-ae-tagogi-i-qa, 16 = ura-ruag'a-i-qa-ae-tagogi-i-qa-au-ae-g'ela-tagogi, 20 = rava tagogi i irag'e.

Ein anderes bis 20 reichendes Handfußsystem ist das Tukano[2], eine Betoyasprache Nordwestbrasiliens: 1 = nikano, oder nika, 2 = pearo oder peaneme, 3 = itiaro oder bapaisisinumani, 4 = bapalitise oder nika-bapaisisinumani, 5 = nikamukese, 6 = axpemukanikapinepatse, 7 = axpemukapeepinepatse, 8 = axpemukaitiapinepatse, 9 = axpemukaba palitis epinepatse, 10 = peamukese, 11 = nika(n)depokapinepatse oder nika(n)depopiapinepatse, 12 = peadepokapinepatse oder peade popiapinepatse, 13 = itiadepokapinepatse oder itiadepopiapinepatse, 14 = bapalit(i)sedepokapinepatse oder bapalit(i)sedepopiapinepatse, 15 = nika(n)-depokapitise, 16 = peadepokanikapinepatse, 17 = axpedepokapeapinepatse, 18 = peadepokaitiapinepatse, 19 = axpedepokabapalit(i)sepinepatse, 20 = axpedepokapitise.

Bei scharfem Zusehen erkennt man, daß auch in diesem System sich die Stämme der Zahlworte von 1 bis 4 rhythmisch viermal wiederholen.

In vielen Sprachen des australischen Festlandes, z. B. im Yungar[3], im Saibalgal[4], im Aranda[4] und in der Dalyriversprache[5] geht das Zweiersystem über 4 in ein Handfußsystem über. So zählt man z. B. in den Yungarsprachen: 1 = gan, 2 = gudal, 3 = mardin[6], 4 = gudal-gudal, 5 = mardin banga (der Hände Hälfte), 6 = mardin banga gudir gan (der Hände Hälfte und ein), 10 = belli belli mardin banga (auf beiden Seiten der Hände Hälfte), 15 = mardin belli belli gudir dina banga (die Hände auf beiden Seiten und der Füße Hälfte).

In der Dalyriversprache[7] zählt man: 1 = an oder yaunuka, 2 = veren (a), 3 = verenyina, 4 = veren veren, 5 = nanyilk yenak (eine Hand allein), 6 = nanyilk yenak aran gena, 10 = nanyilk veren (Hände zwei), 15 = nanyilk veren mada yenak (Hände zwei, Fuß einer), 20 = nanyilk madan veren (Hände, Füße zwei).

---

[1] Ray I, S. 471.   [2] Koch-Grünberg I, 1913, S. 968.   [3] W. Schmidt I, 1912, S. 479.   [4] W. Schmidt, I, 1917/18, S. 485.   [5] W. Schmidt I, 1917/1918, S. 448.   [6] W. Schmidt I, 1912, S. 474/475.   [7] W. Schmidt I, 1917/1918, S. 448, 452, 453.

Auch die binare Zählung der Buschmänner in Afrika ist nach Marianne Schmidl anscheinend im Übergang zu einer quinaren begriffen[1].

Die wichtigsten Zahlwortsysteme der Erde sind das Vigesimalsystem oder Zwanzigersystem, in dem also für die Benennung der Zahlen von 20 an 20 und deren Vielfache die Hauptstützpunkte bilden, und das Zehnersystem oder Dezimalsystem, das für die Benennung der Zahlen von 10 an 10 und deren Vielfache als Hauptstützen hat. Die Zwanzigersysteme sind bis 20 meistens quinar, manchmal auch dezimal, die Zehnersysteme sind bis 10 entweder quinar oder rein dezimal, d. h. sie benutzen für die Benennung von 1 bis 9 keine wesentlich hervortretende kleinere Zahl als Stütze. Noch andere Kombinationen der Systeme kommen vor. Die Völker, welche in ihrer Sprache ein quinares, vigesimales oder dezimales System haben, decken sich im wesentlichen mit denjenigen, die nach Fünfer-, Zwanziger- oder Zehnergruppen rechnen.

Das Vigesimalsystem ist nach Graebner augenscheinlich bantu-melanesisch.[2] Das Fünf-Zwanziger-System war in alter Zeit das herrschende System der Bantuvölker. Anzeichen davon finden sich noch jetzt vereinzelt besonders im Nordwestbantu.[3] Außerdem ist es in Afrika im Zentral- und Westsudan verbreitet.[4] In Melanesien ist es das wichtigste Zahlensystem. Es findet sich dort z. B. im Tana[5] und Aneityum[5], auf den Neuhebriden[5], auf Neukaledonien[5] und auf den Loyaltyinseln[5]. In Amerika finden wir es im Süden bei Chibcha-[6] und Karaibenstämmen[7] sowie bei den Abiponen[8], wahrscheinlich auch noch bei manchen anderen Urwaldstämmen Brasiliens und der angrenzenden Gebiete. In Nordamerika findet es sich bei sonorischen Stämmen[9], bei den Käddostämmen[10], also z. B. bei den Pawnee und Arikara, ferner bei den Indianern der nordwestlichen Vereinigten Staaten[11] und im westlichen Kanada[11] u. a. bei den Tlingit und Tsimschian[10], schließlich bei sämtlichen Eskimostämmen.[12] In Asien trifft man quinar-vigesimales System bei einem Teil der Dialekte der tibeto-burmanischen Sprachfamilie[13] sowie bei vielen sibirischen Stämmen z. B. bei den Tschuktschen[14] und Kamtschadalen[15], dann auch bei den Ainos.[16]

Das quinar-dezimale System ist heute das herrschende System der Bantuneger.[17] Es findet sich ferner in Afrika bei den Hamiten[18] und im Ostsudan[19], im Zentral- und Westsudan besonders im Tschadseegebiet[20] unter berberischem Einfluß, in Melanesien auf den Neuhebriden nördlich von

---

[1] Schmidl, S. 195.   [2] Graebner II, S. 1117.   [3] Schmidl, S. 180.   [4] Schmidl, S. 190 f.   [5] Ray I, S. 466.   [6] Eisenstädter, S. 192.   [7] Pott I, S. 13 ff. [8] Dobritzhofer II, S. 202 f.   [9] C. Thomas, S. 922.   [10] Dixon u. Kroeber, S. 672. [11] C. Thomas, S. 924.   [12] Dixon u. Kroeber, S. 672; Nelson l. c.   [13] Hodson, S. 318 f.   [14] Erik Nordenskiöld, S. 210.   [15] Pott I, S. 57.   [16] Pott I, S. 85. [17] Schmidl, l. c.   [18] Schmidl, S. 183 f.   [19] Schmidl, S. 189 f.   [20] Schmidl, S. 193.

Epi,[1] auf den Bankinseln[1], auf Santa Cruz[1], an gewissen Stellen der Salomonen[2] und Mortlockinseln[2] sowie in melanesischen Sprachen Neuguineas[1], z. B. im Hula und Kerepunu. In Amerika treffen wir quinardezimales System bei den Algonkinstämmen[3] an. — Rein dezimales System findet sich in den malaio-polynesischen Sprachen[4], z. B. auf Samoa[4] und bei den Maori[4] (der Bericht Potts von dem Elfersystem der Maori ist noch nicht geklärt), ferner auf Fidschi[5], auf den Salomonen[5], in einigen Teilen der Neuhebriden[5] und auf einigen Luisiaden[5], in Amerika im Norden bei den Sioux[6], Athapasken[6], gewissen Schoschonenstämmen[7], Irokesen[7] und Salisch[7], im Süden bei den zu den Aruak rechnenden Goajiro[8] und bei araukanischen Völkern, z. B. bei den 1880 von der argentinischen Regierung ausgerotteten Ranqueles.[9]

In Asien haben wir Dezimalsystem bei primitiven Stämmen Kambodschas[10] und der angrenzenden Gebiete sowie in tibeto-burmanischen Dialekten[11], und zwar, wie scheint, zum Teil quinar-dezimales, zum Teil rein dezimales. — Dezimalsystem, das bei 20 in das Zwanzigersystem übergeht, kommt in Kalifornien[12] und in Afrika[13] vor, ferner in melanesischen Sprachen Neuguineas[14] und fand sich nach Angabe von Featherman auch auf den Marquesasinseln.[15]

Ein Beispiel für das quinar-vigesimale System mit Einschnitten bei 5, 10, 15, 20 bietet die Handelssprache der Eskimo von Herschel Island.[16] 1 = atau-sik, 2 = ma'-lo-mal'le-ro, 3 = pin'-a-sut, 4 = sis'-sa-mat, 5 = tal-li-mat, 6 = tal-li mat-atau-sik, 7 = 5,2, 8 = 5,3, 9 = 5,4, 10 = kol'-lit, 15 = ak-ki-mi-a, 20 = akkip'ia-in-nu-in-nak, 40 = malo-akkipia.

Als quinar-dezimal führt Pott nach Monboddo folgende Zahlworte der Algonkinfamilie[17] an: 1 = pegik oder ningout, 2 = ninch, 3 = nissoue, 4 = neou, 5 = naran, 6 = ningoutouassou, 7 = ninchouassou, 8 = nissouassou, 9 = changassou, 10 = mitassou, 11 = mitassou achi pegik, 20 = ninchtana, 21 = ninchtana achi pegik, 30 = nissouemitana, 40 = neoumitana, 50 = naran mitana, 100 = mitassou mitana, 1000 = mitassou mitassou mitana.

Rein dezimal erscheint das Zahlensystem der Ranquelesindianer[18] in Argentinien: 1 = quine, 2 = epu, 3 = cla, 4 = meli, 5 = quecha, 6 = cain, 7 = relgue, 8 = purra, 9 = aillia, 10 = mari, 50 = quecha mari, 100 = pataca, 200 = epu pataca, 1000 = barranca, 8000 = purra barranca, 100000 = pataca barranca, 1000000 = mari pataca barranca.

---

[1] Ray I, S. 464. [2] Ray V, S. 59. [3] Pott I, S. 64. [4] Eisenstädter, S. 196; Ray V, S. 69. [5] Ray I, S. 467. [6] Dixon u. Kroeber, S. 672. [7] Dixon u. Kroeber, S. 672. [8] Ernst, S. 435. [9] Andrée II, S. 265. [10] Khmer, S. 676. [11] Hodson, S. 315/316. [12] Dixon u. Kroeber, S. 676, 685, 686. [13] Pott I, S. 77. [14] Ray I, S. 464. [15] Eisenstädter, S. 196/197. [16] Stefanson, S. 282. [17] Pott I, S. 65. [18] Andrée II, S. 265.

Ebenso ist rein dezimal das Zahlensystem von Samoa[1], das bis 12 folgendermaßen zählt: 1 = tasi, 2 = lua, 3 = tolu, 4 = fa, 5 = lima, 6 = ono, 7 = fitu, 8 = valu, 9 = iva, 10 = sefulu, 12 = e-sefulu-ma-le-tasi.

Als Dezimal-vigesimales System, das außerdem in der Einerreihe noch einen Einschnitt bei 5 aufweist, erscheint, das Arago oder Alago[2] in Nigerien: 1 = oye, 2 = epa, 3 = eta, 4 = ene, 5 = eho, 6 = ihiri, 7 = ahapa, 8 = ahata, 9 = ahane, 10 = igwo, 11 = igwoye, 12 = igwepa, 13 = igweta, 14 = igwene, 15 = igweho, 16 = igwihiri, 17 = igwahapa, 18 = igwahata, 19 = igwahane, 20 = ikpiase, 21 = ikpiase ayoye, 22 = ikpiase ayepa, 30 = ikpiase ayigwo, 40 = ikpiase epa, 50 = ikpiase epa ayigwo, 60 = ikpiase eta, 70 = ikpiase eta ayigwo, 80 = ikpiase ene, 90 = ikpiase ene ayigwo, 100 = ikpiase eho. Rein dezimal-vigesimal scheint nach Pott das Mandingo[3] in Senegambien zu sein: 1 = killin, 2 = fuhlla, 3 = sabba, 4 = nani, 5 = luhluh, 6 = oro, 7 = oronglo, 8 = sye, 9 = konunti, 10 = tong, 11 = tong nin, 19 = tong ning konunti, 20 = mwau, 30 = mwau ning tong, 40 = mwau fuhlla, 50 = mwau fuhlla ning tong, 60 = mwau sabba, 70 = mwau sabba ning tong, 80 = mwau nani, 90 = mwau nani ning tong, 100 = kemmy, 1000 = wuhlly.

Endlich seien noch einige eigenartig kombinierte Zahlensysteme angeführt. Die Zahlenreihe der Misquito in Mittelamerika ist ein Gemisch von Fünfer-, Sechser- und Zwanzigersystem. Die Misquito[4] zählen: 1 = kumi, 2 = wol, 3 = yumpa, 4 = wolwol, 5 = matsip, 6 = matlalkabi, 7 = matlalkabi pura kumi, 8 = matlalkabi pura wol, 9 = matlalkabi pura yumpa, 10 = matawolsip, 11 = matawolsip pura kumi, 17 = matawolsip pura matlakabi pura kumi, 20 = Yawonaiska, 21 = Yawonaiska kumi pura kumi, 40 = Yawonaiska wol, 99 = Yawonaiska wol-wol pura matawolsip pura matlalkabi pura yumpa.

Das jetzt durch das Zehnersystem verdrängte volkstümliche Zahlensystem von Hawaii[5], das ähnlich sich auch auf der Neumarquesasinsel Nukahiva[6] fand, war ein Gemisch von Zehner- und Vierzigersystem. Die Stufenzahlen waren: 4 = 1 kauna, 10 kauna = 1 kanaha = 40, 10 kanaha = 1 lau = 400, 10 lau = 1 mano = 4000, 10 mano = 1 kini = 40000, 10 kini = 1 lehu = 400000.

Infolgedessen wurde z. B. in der Bibel von Hawaii 2. Mos. 7, 7 durch die Worte ausgedrückt: Moses war 2×40 Jahre alt und Aaron $2 \times 40 + 3$.[7] Das ursprüngliche Zahlensystem der Kukuruku[8] in Westafrika, dessen Verwendung, wie scheint, sich nicht auf gewisse Gegenstände beschränkt, das aber jetzt einer Umänderung unterworfen ist, hat die Stufenzahlen 10, 20, 80 und 800: 1 = okpa, 2 = eva, 3 = ela, 4 = edie, 5 = isé,

---

[1] Ray V, S. 69.   [2] Judd II, S. 32.   [3] Pott I, S. 77.   [4] G. K. Heath, S. 62.
[5] von Chamisso, S. 57.   [6] Eisenstädter, S. 197.   [7] von Chamisso, S. 57.
[8] Strub, S. 457.

6 = esa, 7 = iselva, 8 = ele, 9 = iti, 10 = igbe, 11 = igbeo, 12 = igbeva, 20 = ogbo oder uwe, 80 = oke, 800 = egbe, 160 = okeva, 320 = okedie, 480 = okesa.

Die Bezeichnungen des Vierzigersystems in Westafrika[1] hängen eng mit der Kaurirechnung zusammen, von der das System herkommt. Der Bericht Merkers von einem Zahlensystem der Masai[2], das sich auf „ib" = 60 stützen soll, ist noch nicht klargestellt.

Dem psychologischen Irrtum, der eingangs dieses Kapitels erwähnt wurde und der in der Annahme besteht, erst durch den Nachweis der Zahlworte sei der Nachweis der Rechenfähigkeit erbracht, stehen Berichte, die etwas ganz anderes lehren, entgegen. Marianne Schmidl bezüglich der Neger[3], Pater Gumilla, einer der ältesten Jesuitenmissionare Südamerikas, bezüglich der brasilianischen Indianer[4] und Pater Matthäus Steffel bezüglich der Tarahumarenindianer[5] Mexikos stimmen darin überein, daß die Angehörigen all dieser Völker kein Zahlwort aussprechen, ohne die entsprechende Geste dazu zu machen. Ja, bei manchen Negerstämmen besteht die Sitte, daß der Sprecher das Zahlwort gar nicht sagt, sondern nur die Geste macht, und der Zuhörer muß das Zahlwort aussprechen. — Pater Gumilla schreibt: „*Niemand würde bei uns anders als zufällig z. B. ein, zwei usw. sagen und gleichzeitig die Zahl mit den Fingern angeben, indem er diese mit der anderen Hand berührt. Gerade das Gegenteil ist bei den Indianern der Fall. Sie sagen z. B. ,gib mir eine Schere' und halten sofort einen Finger in die Höhe; ,gib mir zwei' und erheben zugleich zwei usw. Sie sagen niemals fünf, ohne eine Hand zu zeigen, niemals zehn, ohne beide Hände vorzustrecken, niemals zwanzig, ohne die Finger zusammenzuzählen und den Zehen gegenüberzustellen.*"[6] — Dazu kommen nun noch Berichte, die zeigen, daß es manchmal ohne die Zahlworte nur mit den Gesten geht. Es sei zunächst an das erinnert, was Hauptmann Detzner von dem Häuptling Silong mitteilt (vgl. S. 18). Ferner schreibt Behrmann über das Zählen seiner von der Küste Neuguineas stammenden Träger: „*Ich wollte die Zahlworte von Malu vergleichen mit denen an der Küste. Die Zahlworte 2 und 3 konnte er (ein Träger) mir sehr schnell sagen. Nach langem Besinnen kam das Zahlwort 4 heraus. Dann sagte er, ich müßte etwas warten, er wolle seinen Freund, der aus demselben Dorf wie er sei, holen, der müßte ihm helfen. Zu Zweien bekämen sie eher heraus, was fünf heißt. Aber selbst zu dreien war es ihnen nicht möglich, sich über 6 und 7 zu einigen. Höhere Zahlen waren überhaupt nicht herauszubekommen bis auf 10. Für 1 behaupteten sie, hätten sie überhaupt kein Zahlwort.*"[7] — Moszkowski berichtet von gewissen Völkerstämmen im Zentralgebirge von Holländisch-

---

[1] Schmidl, S. 193f.   [2] Schmidl, S. 188.   [3] Schmidl, S. 167.   [4] Pott I, S. 16, 17.   [5] Pott I, S. 10.   [6] Pott I, S. 16, 17.   [7] Behrmann, S. 188.

Neuguinea, daß die Leute, statt Zahlworte anzugeben, einfach soviel Finger zeigen,, wie nötig sind, bemerkt aber dazu, daß ihn die kolossale Intelligenz und das starke ätiologische Bedürfnis der Papua geradezu verblüfft habe. Sie hätten mit ihm mindestens so eingehende ethnologische Studien getrieben wie er mit ihnen.[1] — Auch von den Papua am Südfluß in Holländisch-Neuguinea heißt es, daß sie bei Angabe von Zahlen nur sagen ‚wie ist das‘ und dabei die Finger zeigen.[2] — Desgleichen begnügten sich, wie Pott nach Lichtenstein berichtet, die Betschuanen in Südafrika gewöhnlich bei Angabe von Zahlen damit, die nötige Anzahl von Fingern aufzuzeigen und sprachen selten das Zahlwort dabei aus. Viele kannten die Zahlworte nicht einmal.[3] — Von den Tokanoindianern schreibt der Missionar Kock, daß viele das Zählen über 10, das an den Füßen geschieht, nur können, ohne zu sprechen.[4] — All dies scheint aber zu beweisen, daß das Zahlwort die sekundäre Ausdrucksweise und die Geste die primäre ist, durch welche die Zahlwortstellungen überhaupt erst erfaßt und klar und deutlich erkannt werden. Man darf nun allerdings auch nicht den umgekehrten Schluß ziehen, daß, wenn in der Sprache eines Naturvolks eine lange Zahlwortreihe vorhanden ist, die Angehörigen dieses Volkes, selbst wenn sie die Zahlworte kennen, die Zahlen deswegen soweit verstehen. Dixon und Kroeber betonen z. B. ausdrücklich für Kalifornien, daß jede kalifornische Sprache auf Wunsch bis in die Hunderter zähle, woraus aber, wie Conant gezeigt habe, noch nicht folge, daß die Zähler auch einen bestimmten Begriff von den Zahlen als solchen besitzen[5], eine Tatsache übrigens, die an das Verhalten unserer vorschulpflichtigen Kinder erinnert. Manche von diesen kennen, wenn sie am ersten Tag die Schule betreten, schon eine ganze Reihe von Zahlworten, ohne aber klare Begriffe damit zu verbinden. Von den Kamtschadalen schreibt Kracheninnikow, daß in ihrer Sprache Zahlworte bis 100 existieren.[6] Pott berichtet aber nach Monboddo, daß die Kamtschadalen, wenn sie ihre Finger und Zehen in Worten durchgezählt haben, nicht weiter können und dann fragen: „Was sollen wir hernach tun?"[7]

Manche Völker ändern, wenn sie die Anzahl der aus gewissen Gegenständen gebildeten Gruppen bestimmen wollen, die Zahlwörter um. So heißt z. B. bei den Barriai in der Südsee die gewöhnliche Zahlenreihe bis 5[8]: 1 = ere, 2 = rua, 3 = tol, 4 = pane, 5 = lima. Wenn sie aber auf dem Markt beim Handel mit Yams, Taro und Kokosnüssen nach Doppelpaaren abzählen, so setzen sie vor jedes Zahlwort das Wort mapul, das die Vierereinheit bedeutet und zählen also[9]: 4 = mapul i ere,

---

[1] Moszkowski II, S. 321.   [2] Anthropos VIII, 1913, S. 258.   [3] Pott I, S. 18.
[4] P. Kock, S. 850f.   [5] Dixon u. Kroeber, S. 664, A. v. Humboldt II, S. 164.
[6] Tylor, S. 242.   [7] Pott I, S. 57.   [8] Friederici II, S. 179.   [9] Friederici II S. 179.

8 = mapul i a rua, 12 = mapul i a tol, 16 = mapul i a pane, 20 = mapul i a lima.

Es gibt auch Völker mit ausgebildeten Zahlwortreihen, die aber verschieden sind je nach der Art der einzeln gezählten Dinge. Dazu rechnen in Amerika vor allem Stämme im Nordwesten[1], in Ozeanien Bewohner von Neupommern[2], den Salomonen[3], den Mortlockinseln[4], den Admiralitätsinseln[5], Neulauenburg[6], von Hawaii[7] und vielen anderen Inselgruppen. In Asien treffen wir die Erscheinung in der tibeto-burmanischen Sprachfamilie[8] besonders in der Nagagruppe, in Afrika[9] bei den Wankutsu[10] im belgischen Kongo, in Europa bei den Lappen[11] und bei den Abchasen.[12] — Lévy-Bruhl glaubt, daß es sich um eine Entwicklungsstufe auf dem Weg zu allgemeingültigen Zahlwortreihen handelt.[13] Wenn die Völker sich höherer Kultur nähern, verschwindet die Sitte. Bei den Unaliteskimo bestand schon vor 50 Jahren für den verschiedenen Gebrauch ihrer beiden Zahlenreihen keine unveränderliche Sitte mehr.[14] Ähnliches gilt nach Lévy-Bruhl für die Klamatindianer.[15] — Die Zahlworte sind entweder wesentlich verschieden wie im Kabadi in Britisch-Neuguinea, wo 10 bei Speeren Bündel heißt, bei Kokosnüssen Strang, bei Schweinen wieder anders und nochmals anders bei allem übrigen Zählen[16], oder sie unterscheiden sich durch Präfixe und Suffixe, die dann vielfach schon irgendeine Beziehung zur äußeren Erscheinung der in Frage kommenden Sachen haben. Im Tsimschian z. B. in Britisch-Kolumbien enthalten die Zahlworte, die dazu dienen, lange Gegenstände zu zählen, den Stamm „kan" = Baum, die Zahlworte, die zum Zählen von Maßen gebraucht werden, scheinen den Stamm „anon" = Hand zu enthalten.[17] Nach Graebner[18] hängt diese merkwürdige Erscheinung der Zahlwortreihen damit zusammen, daß jemand, der aus einiger Entfernung Gegenstände sieht, zunächst ihre Anzahl und äußere Form erkennt, ehe er noch das übrige auffaßt.

Die ausgestorbenen Chemakumindianer[19] in Oregon hatten teilweise verschiedene Zahlwortreihen, je nachdem, ob unbestimmt gezählt wurde, ob es sich um Hunde oder Pferde, Kanoes, Menschen, Menschen in Kanoes oder um auf See zurückgelegte Strecken handelte.

Die Sprache der Nasioi auf Südost-Bougainville hat 19 Zählklassen mit teilweise bis in die Zehner hineinreichender Verschiedenheit der Zahlworte.

---

[1] Lévy-Bruhl, S. 223 ff.   [2] Parkinson, S. 747.   [3] Rausch, S. 964.   [4] Ray V, S. 69.   [5] Meyer, S. 228.   [6] Parkinson, S. 747.   [7] von Chamisso, S. 55. [8] Grierson III, II, S. 71, III, III, S. 184/118, III, III, S. 19; Witter, S. 26. [9] Struck III, S. 971.   [10] van Hove, S. 389.   [11] Lagerkrantz, l. c. [12] Pott I.   [13] Lévy-Bruhl.   [14] Nelson, S. 238.   [15] Lévy-Bruhl, S. 229. [16] Strong, S. 157.   [17] Lévy-Bruhl, S. 223.   [18] Graebner II, S. 78.   [19] Boas I, S. 40.

Die Zählklassen sind folgende[1]: 1. absolute und unbestimmte Zählung,
2. Personen, 3. größere Vierfüßler von Katze und Hund an aufwärts,
4. Vögel und kleine Tiere, 5. Fische, 6. Früchte, 7. Werkzeuge, 8. seil-
ähnliche Sachen, 9. taschenähnliche Sachen, 10. Kleidungsstücke und alles,
was zusammengenäht wird, 11. Blatt- und federähnliche Gegenstände,
12. Einzeldinge, insofern sie als Teil zu einem Ganzen gehören, wie eine
Banane zu einer Bananentraube, ein Pfeil zu einem Bündel Pfeile, ein Korb
Taros von einer Anzahl Körbe Taros, 13. hohle Gegenstände, die sich nach
oben hin erweitern und offen stehen sowie auch Bambus- und Zuckerrohr,
14. hohle Gegenstände, deren Höhlung nach oben hin enger wird oder
zum Teil gedeckt ist, 15. Gegenstände aus Holz mit wieder folgenden
Unterabteilungen a) Holz und Baum, b) Baumstämme und Pfosten,
c) kurze Baumstämme und Blöcke, d) flache Gegenstände wie Bretter
usw., e) Obstbäume, 16. Jahre und Monate, 17. Tage, 18. Pflanzungen,
19. Gruppen oder Abteilungen von Personen. Dazu kommt nun noch eine
bedeutende Anzahl von Gegenständen, von denen jeder für sich eine
Zählklasse bildet, z. B.: Haus, Bogen, und Treppe, Mund und Tür, Speer,
Stein, Wasser und Fluß, Stern, Platz und Dorf, Weg, Kokosnußtraube,
Betelnußtraube, Bananentraube, Mandeltraube (Gallips), Kokosnuß, Bett
und Bank, Bündel, Eßkörbchen (aus Kokosblatt), Finger und Zehe, Fuß
und Bein, Arm und Hand, Fenster und Tür, Auge, Ohr, Hälfte, Teil sowie
Hälfte und Abteilung, Art sowie Spezies und Totem, Stück und Abfall
(etwas Kleines).

Wenn ich sage, gib mir 3 Taros, so heißt drei, weil ganz beliebige Taros
gemeint sind, „benaumo" nach der ersten Zählklasse. Sage ich, gib mir
die 3 Taros, so heißt drei, weil ganz bestimmte Taros gemeint sind, als
Zahlwort der sechsten Klasse „bekupi". Wenn jemand auf die Frage
nach der Anzahl seiner Kinder antwortet, „ich habe 3 Kinder", so heißt
drei nach der zweiten Zählklasse „benaura".[2]

Die in Frage stehende Erscheinung, gewisse im ersten Kapitel auf
S. 3 besprochene Tatsachen, daß man außerdem bei manchen Völkern
z. B. in Nordwestamerika noch Umänderungen der Zahlworte antrifft,
die nicht nur von der Art des gezählten Gegenstandes, sondern auch
von den sonstigen näheren Umständen des Zählens abhängen, schließlich die Tatsache, daß wieder bei anderen Völkern wie den Mikmak-
indianern[3] in Nordamerika die Zahlworte nicht Adjektive, sondern Ver-
ben sind, die nach allen Regeln der Kunst konjugiert werden können,
alle diese Feststellungen zeigen, wie eng ursprünglich die Zahlvorstellung
mit der Vorstellung der gezählten Gegenstände, ja mit der Vorstellung
der Gesamtvorgänge und Umstände, in die sie sich hineinverwoben findet,

---

[1] Rausch, S. 107 ff.   [2] Rausch, S. 108.   [3] Lévy-Bruhl, S. 224/225.

verknüpft ist, wie sie sich erst allmählich davon loslösen kann, wie schwer es also ist, den Relationsbegriff der Zahl zu fassen.

Ganz ähnlich wie bei Naturvölkern ist es bei Kindern, und zwar zunächst im vorschulpflichtigen Alter. Die Zahl erscheint als Eigenschaft besonders interessanter Dinge und kann nicht ohne weiteres davon losgelöst und auf andere Dinge übertragen werden. Dies geschieht nur ganz allmählich. Der Mitteilung Wertheimers von den Völkern, die wohl Baumstämme und Geld, aber nicht Dörfer zählen können[1], steht als Parallele die Mitteilung William Sterns zur Seite von dem 4 Jahre und 3 Monate alten Knaben, der auf die Frage des Großvaters; „Wieviel Finger habe ich?" antwortete: „Das weiß ich nicht, ich kann nur meine Finger zählen."[2]

Die Rechenlehrer scheinen nach Ausweis der Methodikbücher der Ansicht zu sein, daß die Kinder, wenn sie zum ersten Male die Schule betreten, über dieses Entwicklungsstadium hinweg sind und daß sie infolgedessen die an einigen wenigen Gegenständen wie an den Kugeln der Rechenmaschine, an den Fingern oder an Rechenstäbchen gewonnenen Zahlvorstellungen schnell auf alle möglichen anderen Dinge übertragen, ja, daß sie schnell zum abstrakten Zählen und Rechnen übergehen können. Die Beobachtungen bei Naturvölkern und die Überlegung, daß der Lehrer in den ersten Jahren der Grundschule mit allen möglichen Intelligenzen, Auffassungsformen und Vorbildungen zu rechnen hat, scheinen aber zu erweisen, daß in diesem Punkt Vorsicht am Platze ist, wenn nicht der Rechenunterricht der ersten Jahre auf mechanischen Verbalismus hinauslaufen soll, wobei es dann dem praktischen Kindesleben außerhalb der Schule überlassen bleibt, ob die Einsicht in die tatsächlichen Zusammenhänge sich doch noch entwickelt oder nicht.

---

[1] Wertheimer, S. 328. [2] William Stern, Psychologie der früheren Kindheit, 2. Aufl., S. 250.

SIEBENTES KAPITEL

DER SINN DER ZAHLWORTE

Die Tatsachen beweisen, daß die meisten Zahlworte, was sich schon auf Grund von Angaben der vorangehenden Kapitel vermuten ließ, nichts anderes sind als Übersetzungen von Zählgesten irgendwelcher Art in Worte, so daß man aus dem etymologischen und arithmetischen Sinn der Zahlworte auf die Art der Entstehung der Zahlvorstellungen und auf die wirklichen Zähl- und Rechenmethoden der Völker schließen darf. Allerdings ist Vorsicht angebracht, wenn man bedenkt, welchen Einflüssen z. B. durch den Handel die Sprachen der Völker unterliegen, und daß ferner in manchen Weltgegenden, wie in der Südsee (vgl. S. 7), auch freiwillige Änderungen der Sprache aus ganz verschiedenen Gründen vorgenommen werden. Marianne Schmidl[1] stellt von den Nordwestbantustämmen der Ngala, Lolo, Ngata (Kote) und Ngombe am mittleren Kongo sowie von den Fang, Yaunde, Basa und Nyang in Kamerun fest, daß ihre Zahlworte von 6 bis 9 fast alle quinar gebildet sind, d. h. also durch irgendwie ausgedrückten Anschluß an das Zahlwort für 5, während sie in Gebärden nach dem Prinzip der zwei möglichst gleich großen Summanden zählen.

1 als Zahl kann selbstverständlich nur erkannt werden im Gegensatz zu einer Mehrheit. Diese Entstehung der 1 spricht sich auch in dem etymologischen Sinn aus, den die Wortbezeichnung eins in vielen Sprachen hat. Wie schon S. 53 bemerkt, erklärten Behrmanns Papuaträger, für 1 hätten sie überhaupt kein Zahlwort, gaben aber die Worte für einige darüber liegende Zahlen an. In hamitischen Sprachen, z. B. im Somali, hängt eins dem Sinn nach mit „voran", „zuerst" zusammen[2], in vielen Sprachen Neuguineas, z. B. im Tavara[3], Awalama[3], Tampota[3], Sinangoro[3] sowie in gewissen südamerikanischen Sprachen, wie im Makuschi[4] am Rio Branco, einem Nebenfluß des Rio Negro, und bei den Abiponen[5] bedeutet eins soviel wie „allein", während das Wort eins, das manchmal in Verbindung mit einem anderen Zahlwort auftritt, z. B. in der Verbindung mit vier, um das Zahlwort fünf zu bilden, zuweilen, wie bei den Guarani in Paraguay, „Freund" oder „Gefährte" heißt.[6] Auf den westlichen Inseln der Torresstraße ist das Wort für 1 stammverwandt mit „der andere".[7] Steinthal

---

[1] Schmidl, S. 178.   [2] Schmidl, S. 184.   [3] Ray I, S. 476/477.   [4] Koch-Grünberg-Hübner, S. 29/30.   [5] Pott I, S. 4.   [6] Wertheimer, S. 339.   [7] Ray I, S. 47.

deutet die Bezeichnung für 1 in der Sprache der Enkounterbay in Australien dem Wortsinn nach als „einer, der ohne andere".[1] Das Wort „tokale" für 1 im Bakairi hängt nach von den Steinen mit „toka" = „Bogen" (zum Schießen) zusammen, und von den Steinen meint, dies rühre vielleicht daher, daß jeder Bakairi nur 1 Bogen hat im Gegensatz zu manchen anderen Dingen oder daß auf jeden Bogen viele Pfeile kommen.[2] Im Sotho heißt eine der Bezeichnungen für 1 soviel wie „vorhanden".[3] Im Kunama, einer Sudansprache, gibt es eine Bezeichnung für 1, die „Spitze" bedeutet.[4] Bei den Botokuden[5] sowie bei den südlichen Cayapo[6] heißt es, „ein Finger" oder „eine Person". Im Bangu[7], einer Papuasprache am Flyriver in Neuguinea bedeutet das Wort für 1 dem Stamm nach wahrscheinlich „Bambus", im Maba[8], einer nilotischen Sprache in Afrika sowie im Gala[8] und Kunjara[8] ebendort stimmt das Wort für 1 mit „alle" überein, im Yoruba in Westafrika soll das Wort „eni" für 1 bedeuten „der eine, der ist"[9], das Wort „okan" soll auch „Geist" heißen.[10]

In der Rechenmethodik wird die Tatsache, daß 1 nur als Zahl erkannt werden kann im Gegensatz zu einer Mehrheit, nicht genügend beachtet, ein Umstand, der zu unnötigen Schwierigkeiten oder zu gedankenlosem Nachschwätzen führt, wenn z. B. der Lehrer die Einführung in das Einmaleins mit der Aufgabe $1 \times 2 = 2$ beginnt.

Das Zahlwort für 2 hängt nach Potts Vermutung bei den Sioux[11] in Nordamerika, bei den Puri[11] in Südamerika, bei den Hottentotten[11] in Südafrika und bei den Samojeden[12] zwischen Jenissei und Lena am nördlichen Eismeer mit dem Wort „Hand" zusammen. In vielen Sudansprachen[13] sowie bei den Karaiben[14] und wahrscheinlich auch den Tupi[15] in Südamerika soll es mit „spalten" (Holz fällen) verwandt sein, im Ewe[16], Yoruba[16], Kunama[16] und noch anderen Sudansprachen[16], wie Marianne Schmidl nach Reinisch angibt, mit „Folge", „aufeinander", in kuschitischen Sprachen, wie im Gala[17], mit „nachfolgen", „begleiten". Ähnliche Verhältnisse liegen, wie Marianne Schmidl im Anschluß an Meinhof vermutet, bei den Bantu[18] vor. Bei den Botokuden[19] bedeutet zwei „doppelter Finger", bei den Guayaki[20] in Paraguay und bei Betoyavölkern[21] Nordwestbrasiliens ist zwei stammverwandt mit „viel", bei den Abiponen[22] hängt es vielleicht mit „du" zusammen, im Laymon, einer Yumasprache in Nordamerika, heißt 2 „der andere".

---

[1] Steinthal I.   [2] von den Steinen I, S. 418.   [3] Schmidl, S. 175.   [4] Schmidl, S. 189.   [5] Ehrenreich, S. 125.   [6] Ehrenreich, S. 125.   [7] Ray I, S. 293. [8] Murray, S. 358.   [9] Dennett, 1916/1917, S. 242.   [10] Dennett, 1917/1918, S. 64. [11] Pott I, S. 29.   [12] Pott I, S. 54.   [13] Schmidl, S. 198.   [14] von den Steinen I, S. 412ff.   [15] von den Steinen I, S. 418.   [16] Schmidl, S. 199.   [17] Schmidl, S. 184. [18] Schmidl, S. 198.   [19] Ehrenreich I, S. 46f.   [20] Vogt, S. 861.   [21] Koch-Grünberg I, z. B. 1913, 1914, S. 968.   [22] Pott I, S. 4.

In manchen Sprachen wird zwei durch Verdoppelung zum Ausdruck gebracht. So heißt es im Fula[1] in Afrika „didi“, bei den Coropos[1] in Südamerika „gringrim“, bei den Mundruku[1] ebendort „tscheptschep“, auf Java[1] „loro“ (roro). McGee erklärt die Bezeichnung für 1 und 2 in der Schahaptsprache (Nezpercés) im Anschluß an Hewitt für rein willkürlich.[2]

Karl von den Steinen[3] schreibt, daß das eigentliche begriffliche Zählen mit der 2 begonnen hat. Diese Ansicht steht in Zusammenhang mit seiner Theorie von der Entstehung der Zahlbegriffe, die er im Anschluß an die Sprachverwandtschaft von „zwei“, „Holz spalten“, „Gemeinsamkeit“, „da — mit“, „da — bei“, „zusammen“ bei den Bakairi wie bei sämtlichen anderen Karaibenstämmen entwickelt. Seine Theorie ergibt sich am besten aus seinen eigenen Worten. Er schreibt[4]: *„Man kann ein Objekt in viele Trümmer schlagen, indessen alles, was man auf regelmäßige Art zerbricht oder zerschneidet, zerbricht oder zerschneidet man zuerst in 2 Stücke. Ich kann 1, 2, 3, 4 Stöcke in die Hand nehmen und Nichts lehrt mich, die einzelnen unter Zahleinheiten zusammenzufassen, ich nehme aber einen Stock und zerbreche ihn — man wird zugeben, solange die Menschheit lebt, und wo sie auf der Erde Stöcke zerbrach, hat sie jeden Stock jedesmal zuerst in 2 Stücke zerbrochen. Zerbricht man weiter das erste Stück in 2 und das zweite Stück in 2, so erhält man die Zahlenfolge mit dem Zweiersystem der Bakairi oder der Australier … Die Vorstellung der 2 hat sich zuerst an Stücken gebildet und geübt. Sie mag bald auf sonst gleichartige Dinge, die der Mensch in den Händen hatte und die sich untereinander glichen wie sich zwei Stücke gleichen, ausgedehnt worden sein; die Zwei-Einheit sah und faßte sich bei zwei Ganzen ebenso an wie bei 2 Stücken. 2 : (1 + 1) = 1 : (½ + ½). Sie mußte sich mit diesem Fortschritt auch von dem Vorgang des Zerschneidens und Zerbrechens lösen und auf andere Vorgänge, wie des Gebens und Nehmens und Verteilens, die sich mit den Händen und auf dieselbe Art mit Stücken oder Ganzen abspielten, übergehen. Die Tätigkeit des Zerlegens war immer dieselbe, die Dinge wechselten beliebig, so kam man dazu, von ihrer Natur abzusehen und hatte die Abstraktion der Zahl 2. Aber nur durch die Tätigkeit war sie gewonnen, nicht durch die bloße Erscheinung der Dinge, wie sie etwa die paarigen Organe des Körpers darboten.“* Natürlich will von den Steinen mit seiner Theorie nicht sagen, daß die Entwicklung nun überall in der Welt dieselbe gewesen sei, so daß also auch überall als erstes Zahlensystem das Zweiersystem aufgetreten wäre. Dem widerspricht ja schon, daß man sonst aus der Etymologie gewisser anderer Worte mit dem gleichen Recht andere Theorien für die Entstehung des Zählens aufstellen könnte. So schreibt z. B. Steinthal, daß das Wort

---

[1] Pott I, S. 29.   [2] McGee III, S. 660.   [3] von den Steinen I, S. 418.
[4] von den Steinen I, S. 414, 415.

„momasserk" für zählen auf den Palauinseln in Ozeanien eigentlich „Aufsteigen" von Sonne und Mond, „Aufgehen"[1] bedeutet, so daß man vermuten möchte, die Zeitrechnung habe den Begriff des Zählens bestimmt. Auf Yap, gleichfalls in Ozeanien, werden die Fische zu je 10 auf Blattrippen von pandanus polycephalus, einem Schraubenbaumgewächs, aufgereiht, indem man sie am Kopfansatz durchbohrt. Pandanus polycephalus heißt auf Yap „tha", und von diesem Wort stammt auch das Wort „thaag" für zählen.[2] Danach könnte man annehmen, hier hätte sich das Zählen beim Aufreihen von Fischen entwickelt. Das Wort der Zuniindianer für zählen schließlich kommt, soweit es ausgelegt werden kann, von der Sitte, beim Zählen die Finger hintereinander aufzuzeigen.[3]

Das Zahlwort drei ist nach Pott bei den Hottentotten mit „Finger" verwandt[4], im Makuschi in Südamerika führen drei, viel und groß, wie scheint, auf den gleichen Stamm[5], im Saho und Afar enthält die Wortzusammensetzung für 8 das Wort drei in dem Sinn „groß", „lang"[6], ebenso hängt die Bezeichnung für 3 mit „groß", „lang" zusammen in den Yumasprachen.

Im Kamayura, einer Tupisprache in Südamerika, heißt das Zahlwort für 3 dem Sinn nach etwa soviel wie „Gipfelfinger" oder „höchster Finger".[7] In der Sprache der Nezpercés oder Schahaptin in Nordamerika soll drei nach McGee „Mitte" oder „Mitte Eins" bedeuten, aber nicht in dem Sinne Mittelfinger oder Mitte der Hand, sondern augenscheinlich, wie McGee schreibt, im Sinne einer allgemeinen Mitte wie im Zuniritual, und entsprechend sei es in anderen nordamerikanischen Sprachen, z. B. im Seri und bei den Irokesen.[8] Bei sehr vielen Völkern bedeutet „drei", da zwei ja schon die Basis eines Zahlensystems werden kann, „zwei und eins", und zwar nicht nur bei Völkern mit ausgebildetem Zweiersystem, sondern auch bei solchen, die nach einem anderen System zählen, wie bei den Abiponen[9] und bei solchen, deren Zahlenreihe schon mit 3 aufhört, z. B. bei den Schiriana[10] und den Colorado von Ecuador, welch letztere sich ihr Wort drei aus den bei den Aimara entliehenen Worten für 2 und 1 zusammensetzen. Schließlich bemerken Dixon und Kroeber, daß phonetische Analogie bei Naturvölkern stark die Zahlbildung beeinflusse, vor allem sei dies in Kalifornien bei 2 und 3 der Fall[11].

Dem Zahlwort, „vier" liegt, wie Reinisch nachgewiesen hat, in vielen hamitischen Sprachen die Grundbedeutung des „Ausspreizens", „Öffnens" (der Hand) zugrunde[12], in anderen hamitischen Sprachen kommen Zusammenhänge mit „Hand" oder „Handbreite" vor[12], desgleichen soll

---

[1] Steinthal I, S. 89.   [2] Müller, S. 125/126.   [3] Cushing, S. 300.   [4] Pott I, S. 29.   [5] Koch-Grünberg-Hübner, S. 29/30.   [6] Schmidl, S. 185.   [7] von den Steinen I, S. 417.   [8] McGee III, S. 660.   [9] Pott I, S. 4.   [10] Koch-Grünberg, l. c. [11] Dixon u. Kroeber, S. 670.   [12] Schmidl, S. 185.

in den melanesischen Sprachen Tavara und Awalama in Britisch-Neuguinea vier den Stamm eines Wortes enthalten, das „Hand“, „Finger“ oder „hantieren“ bedeutet[1], im Hiwi, einer westlichen Papuasprache Neuguineas, heißt vier „Finger“.[2] Die Zahlworte der Yuma in Kalifornien für 4 bedeuten eigentlich dem Sinn nach „alle unten liegend“[3], bei den Abiponen soll 4 „Straußenzehe“ heißen, wie Pott schreibt, weil der südamerikanische Strauß an einem Fuß 4 Zehen habe[4], bei den Moanus auf den Admiralitätsinseln stimmt das Wort für 4 mit dem Wort für 1 überein[5], im Tukano in Südamerika gibt es eine Form für vier, die „eins — drei“ bedeutet.[6] In der Lenguassprache im Chako von Paraguay hat vier den Sinn „die beiden gleichen Seiten“.[7] Das Wort vier im Yuki von Round Valley „o — mahant“ oder „opmahant“ wird von Dixon und Kroeber mit „2 Gabeln“ übersetzt.[8] In den Sprachen mit Zweiersystem, aber auch in gewissen Sprachen, die einen anderen Entwicklungsgang eingeschlagen haben, wie im Kato in Kalifornien[9] und im Apiaka im Matto Grosso[10], bedeutet vier „zwei und zwei“. Schon für vier finden sich auch Ausdrücke, die ihre Größenbeziehung zur nächstfolgenden Gruppenzahl angeben. So heißt z. B. im Binandele im Nordosten von Britisch-Neuguinea vier „nachdem die Hand den kleinen Finger ausgestoßen hat“.[11] Ich erinnere ferner an die Worte, mit denen die Dènè-Dindjié in Kanada 4 umschreiben (vgl. S. 33).

Das Zahlwort fünf hängt in der überwiegenden Mehrheit aller Fälle bei den Naturvölkern dem Sinn nach irgendwie mit „Hand“ zusammen. Entweder enthält es selbst das Wort Hand, und zwar allein oder in einer Verbindung, oder es enthält irgendeinen sonstigen Ausdruck, der sich auf das Rechnen an den Fingern einer Hand bezieht. Nach Marianne Schmidl führen z. B. sämtliche Ausdrücke für 5 in den Hamitensprachen Afrikas auf Bezeichnungen für „Hand“ zurück.[12] Ähnliche Verhältnisse liegen wahrscheinlich im Bantu[13], in Sudansprachen[14] und bei den Pygmäenvölkern[15] Afrikas vor. In der Südsee fällt in fast allen polynesischen Sprachen[16] fünf mit „Hand“ zusammen, ebenso in manchen melanesischen Sprachen,[17] in Papuasprachen[18] und bei gewissen Australnegervölkern.[19] In Südamerika finden wir die „Hand“ im Zahlwort fünf bei Tupi-[20], Aruak-[21], Karaiben-[22], Betoya-[23] und Guaikurustämmen[24] sowie bei den

[1] Ray I, S. 464.   [2] Ray III, S. 344.   [3] McGee II, S. 310.   [4] Pott I, S. 4.
[5] J. Meyer, S. 228.   [6] Koch-Grünberg I, 1913, S. 968; vgl. auch S. 49 dieser Arbeit.
[7] J. A. J., 31, S. 296.   [8] Dixon u. Kroeber, S. 667/685.   [9] Dixon u. Kroeber, S. 673.
[10] V. G. B. 1902, S. 376.   [11] Ray I, S. 373.   [12] Schmidl, S. 184.   [13] Schmidl, S. 168.
[14] Schmidl, S. 189f.   [15] J. A. J., 1917, S. 64/65; Z. f. E. 1906, S. 268 u. 720.
[16] z. B. Ray V, S. 68f.   [17] Ray I, S. 466/467.   [18] Ray I, S. 360, 361, 377, 381;
H. Müller 1906, S. 82f.; Parkinson, S. 769 ff.   [19] siehe S. 49 dieser Arbeit.
[20] von den Steinen, S. 405f.   [21] Ernst, S. 435.   [22] Eisenstädter, S. 176/177,
Z. f. E. 1887, S. 377; Pott, S. 70.   [23] Koch-Grünberg I.   [24] Dobritzhofer, S. 202.

Caraya[1] und Guato.[2] In Nordamerika hängt das Wort „Hand" mit fünf zusammen bei gewissen Yumastämmen[3] und bei den Maidu[4] in Kalifornien sowie bei den Tlingit[5] und Ttynai[5] und bei sämtlichen Eskimovölkern.[6] Daß es ursprünglich auch in den Zahlworten der Algonkin[7] vorkam, ist, wie Pott nach einem alten Missionarsbericht schreibt, daran erkennbar, daß die ersten fünf Algonkinzahlworte sämtlich mit „n" anfangen. „N" ist nämlich auch der Anfangsbuchstabe des Algonkinworts für „Hand". In Asien bedeutet das Wort „Hand" fünf im Süden bei den Malaien[8] und im Norden bei den Tschuktschen[9], es steckt ferner in dem Wort fünf bei Völkern der tibeto-burmanischen Sprachfamilie, z. B. in Vayu.[10]

Da den Zahlworten oder besser Zählwörtern der Naturvölker, so wie wir sie bis jetzt beschrieben haben, der ursprüngliche rein sinnliche Inhalt vielfach noch stark anhaftet, so klingen manche Sätze, wenn man sie wörtlich nimmt, für uns höchst eigenartig. Fünf Beschnittene baden heißt z. B. im Sulka[11] „Beschnittene eine Hand sie baden sie".

Die Sätze klingen noch auffälliger, wenn der Ausdruck für 5 nicht ein einziges Wort, sondern eine Phrase ist. So heißt z. B. fünf im Galavi[12] „Hand ist beendet", im Kamayura[13] „Hand hört auf", im Sotho[14] „beenden die Hand", bei den Abiponen[15] „die Finger einer Hand", im Bangala[16] „schließe eine Faust", im Toaripi[17] „die Hand einer Seite". Manchmal, z. B. in melanesischen Sprachen[18] Neuguineas, kommen in den Ausdrücken für 5 auch Worte wie „sterben" oder „der andere" vor.

Ausdrücke für 5, in denen das Wort „Hand" fehlt, die Beziehung auf das Fingerrechnen aber doch zu erkennen ist, finden sich z. B. bei den Guajiro[19], wo 5 „fertig sein" oder „zu Ende sein", bei den Seriindianern[20], wo es „eine volle" oder „eine vollständige", bei Yumastämmen, wo gewisse Wörter für 5 mit „ganz", „vollständig", „greifen" zusammenhängen, und in verschiedenen Schoschonendialekten[21], wo fünf „alle" bedeutet.

Im Mabuiag[22] an der Torresstraße heißt 5 „der Ruderfinger", im Guarani[23] „vier und Freund" (Gefährte), im Peremka[24], einer westlichen Papuasprache von Neuguinea, stimmt es mit „eins" überein, in Kochimi, einem Yumasprachstamm, heißt das Wort für 5 „dreizwei"[25], bei der

---

[1] Königswald, S. 55, 56.   [2] V. B. G. 1902, S. 89.   [3] McGee II, S. 311. [4] Dixon u. Kroeber, S. 688.   [5] Erman, S. 218.   [6] Nelson, S. 237, 238; Pott I, S. 3.   [7] Pott II, S. 52; vgl. auch S. 51 dieser Arbeit.   [8] Pott I, S. 121. [9] Pott I, S. 3.   [10] Hodson, S. 333.   [11] H. Müller, S. 84.   [12] Ray I, S. 467. [13] von den Steinen I, S. 405.   [14] Endemann II, S. 56.   [15] Dobritzhofer II, S. 202.   [16] Wertheimer, S. 344.   [17] Ray I, S. 345.   [18] Ray I, S. 477.   [19] Ernst, S. 435.   [20] McGee II, S. 310.   [21] C. Thomas, S. 878.   [22] Lévy-Bruhl, S. 211.   [23] Wertheimer, S. 339.   [24] Ray III, S. 343;   [25] McGee II, S. 311.

Mehrheit der Völker, die nach einem Zweiersystem zählen, heißt es „zwei (und) zwei (und) eins"[1], bei den ausgerotteten Tasmaniern[2] endlich hieß 5 „Mann oder Mensch". Für die Abiponen gibt Dobritzhofer für 5 noch das Wort „Neènhalek" an, das eine Tierhaut bedeutete, die sich durch Flecken von fünferlei Farbe auszeichnete.[3] — Zum Schluß seien noch einige Zahlenreihen von 1 bis 5 im Zusammenhang ihrem etymologischen Sinn nach angegeben.

Gewisse Stämme der Andamanesen zählen[4]: „eins"; „das andere" oder „der Nachbar"; „das mittlere"; „das vorletzte"; „das letzte".

Die Dènè-Dindjié zählen[5]: „das Ende ist umgebeugt" oder „am Ende"; „es ist wieder gebeugt"; „die Mitte ist gebeugt"; „es ist noch dieser übrig"; „an meiner Hand ist es in Ordnung" oder „an einer Hand" oder „meine Hand."

Die schon stark abgeschliffene Zahlenreihe der Zuniindianer lautet, so wie Cushing[6] sie auslegt: „genommen, um damit zu beginnen"; „der, den wir niederlegen, mit dem ihm gleichen"; „der gleichteilende"; „alle fast mitgetan"; „der abgekerbte" oder „der abgeschnittene".

Nicht mit voller Sicherheit erklärt ist die Zahlenreihe der Dabu[7] und Toga[7] westlich des Flyriver auf Neuguinea: 1 heißt „dieser Zeigefinger", das Wort für 2 ist der Name für die Gestalt, die entsteht, wenn man zwei aufeinanderfolgende Finger spreizt („diese V"), 3 ist vermutlich verwandt mit Fingernagel („V und Fingernagel"), 5 hängt vielleicht mit „Schwimmhaut des Entenfußes" zusammen.

Die Völker, die für 10 „zwei Hände", „beide Hände", „Hand doppelt", „Hand Hand" und ähnliches sagen, decken sich zum Teil mit denen, die auch in dem Ausdruck für 5 „die Hand" haben.

„Zwei Hände" oder „die zwei Hände" finden wir in der Südsee auf Neupommern und Neulauenburg bei den Sulka[8] und anderen Völkern[9], auf den Neuhebriden[10] sowie in einer ganzen Reihe von melanesischen Sprachen Neuguineas[11], z. B. im Hansa[12], in der Jabimsprache[13] und in der Binandelesprache[14], ferner bei Völkern des australischen Festlandes.[15] Im Wedau[16] auf Neuguinea heißt 10 „zwei Hände sind beendet", im Galavi[17] ebendort, „zwei Hände sind beendet" oder „meine zwei Hände sind tot". Auf der Insel Lifu[18] bedeutet zehn, wenigstens dem arithmetischen Sinn nach, „2 × 5". Auf Muralag Island[19] hieß 10 im Jahre 1888, wahrschein-

---

[1] vgl. S. 20f. dieser Arbeit.　　　[2] McGee III, S. 659; Eisenstädter, S. 179. [3] Pott I, S.5.　　[4] P. W. Schmidt II, S. 125.　　[5] Petitot, S. LV.　　[6] Cushing, S. 292f.　　[7] Ray I, S. 297.　　[8] H. Müller, S. 82/83; Parkinson, S. 769f. [9] Brown, S. 293.　　[10] Frobenius, S. 31; von der Gabelentz 1873, S. 16.　　[11] Ray I, S. 477.　　[12] Ray IV, S. 327f.　　[13] Eisenstädter, S. 178.　　[14] Ray I, S. 373. [15] vgl. S. 49 dieser Arbeit.　　[16] Ray I, S. 466.　　[17] Ray I, S. 467.　　[18] Ray II, S. 270.　　[19] Ray I, S. 46.

lich unter Einfluß eines von Lifu stammenden Missionslehrers, „Hand Hand". Wenigstens in der Additionsform entsprechend ist die Bildung von 10 auf der Insel Hunt[1] oder Duror bei Neupommern, wo 5 „eipani" heißt und 10 „eipani eipani".

In Südamerika finden wir den Ausdruck „zwei Hände" auch wohl, „zwei Arme" oder „beide Hände" bei den Betoyavölkern[2], bei den Karaiben[3], bei kolumbischen Indianerstämmen[4], bei den Caraja[5], den Guarani[6] und bei den Paumari oder Purupuru[7], den Bewohnern der Strominseln und Lagunen am Mittellauf des Puru. In Nordamerika findet sich „zwei Hände" für 10 bei den Seriindianern[8] und in einigen Yumasprachstämmen[9], „Hand doppelt" im Maidu[10] in Kalifornien. Wenigstens dem arithmetischen Sinn nach bedeutet zehn 2 × 5 in den sonorischen Sprachen des Opata[11] und Cahita[12], in dem Schoschonendialekt Tobikhar[13] und im Schoschonendialekt von Gabrielino[14]. In einer Indianersprache von Santo Antonio von Texas[15] ist zehn durch „5 × 2" ausgedrückt. Additiv erscheint die Vorstellung von 10 in einigen Ausdrücken bei den Yuma[16], wo 10 „fünf darüber", und bei den Seri[17], wo 10 „fünf hinzugefügt" bedeutet.

In Afrika finden wir für 10 den Ausdruck „zwei Hände" bei den Bongo[18] und Djur im Sudan, in Asien den Ausdruck „Hände ganz" bei den Vayu[19] in der tibeto-burmanischen Sprachfamilie.

Bei den Zuniindianern[20] heißt 10 „alle Finger", bei den Abiponen[21] „die Finger von beiden Händen", bei den Xamucaindianern[22] vielleicht auch „die Finger zweier Hände". Bei den Chemakum[23] in Oregon soll der Name für 10 den „vierten Finger" bedeuten, bei den Eskimo der Hudsonbai[24] „den kleinen Finger" (der zweiten Hand), im Schoschonendialekt von Luiseno[25] „außer meiner Hand fünf Finger", auf Nengone[26] in der Südsee endlich „zwei Fingerbündel".

Gewisse Stämme auf den Andamanen[27] sollen für 10 „orduru" = „alle" sagen, ebenso stimmt 10 mit „alle" oder „alles" überein im Koita[28], einer Sprache im Zentraldistrikt von Britisch-Neuguinea. In einigen Yumadialekten[29] in Nordamerika heißt 10 „eine vollständige" (Rechnung von

---

[1] Stephan, S. 216. [2] Koch-Grünberg I; vgl. auch S. 49 dieser Arbeit. [3] Pott I, S. 70; Eisenstädter, S. 176/177. [4] Z. f. E. 1876, S. 363. [5] von Königswald, S. 55, 56. [6] Dixon u. Kroeber, S. 688. [7] Ehrenreich II, 1897, S. 67. [8] McGee II, S. 317. [9] McGee II, S. 318. [10] Dixon u. Kroeber, S. 688. [11] McGee I, S. 867. [12] McGee I, S. 922. [13] McGee I, S. 878. [14] Dixon u. Kroeber, S. 681, 689; vgl. auch S. 48 ds. Arbeit. [15] Meyer I, S. 881. Pott I, S. 69. [16] McGee II, S. 318. [17] McGee II, S. 317. [18] Viaene, S. 511. [19] Hodson, S. 333. [20] Cushing, S. 296. [21] Dobritzhofer II, S. 202. [22] Pott I, S. 28. [23] Boas, S. 40. [24] Pott I, S. 301. [25] Dixon u. Kroeber, S. 689. [26] Ray II, S. 270. [27] Wertheimer, S. 338. [28] Ray I, S. 360/361. [29] McGee II, S. 318.

allen Fingern). Im Kanuri[1], einer Bormusprache in Afrika, heißt 10 in der Verbindung von 20, 30 usw. „voll".

Das Zahlwort zehn in den Bantusprachen ist nach Marianne Schmidl[2] in fast allen Fällen ein eigener Ausdruck, und zwar werden fast durchweg Formen gebraucht, die die betreffende Gebärde bezeichnen. Das Wort für 10 geht entweder auf einen Stamm „kumi" zurück, den man mit dem im Herero vorkommenden „kunda" = „dröhnen" zusammenbringt (Hände zusammenschlagen), oder aber es handelt sich, was Marianne Schmidl nach Dupeyron für wahrscheinlicher hält, um das Zeitwort „kumika" = „vereinigen" (vgl. S. 35). Auch von dem Wort für 10 bei den Guajiro[3] in Südamerika, die ja ebenfalls, wenn sie bei 10 den kleinen Finger der rechten Hand erreicht haben, einmal mit beiden Händen zu klatschen pflegen, vermutet Raf. A. Caledon, daß es den Stamm von „reiben", „schlagen", „schütteln" enthält. Das Wort zehn in der Corasprache[4] schließlich bedeutet, wahrscheinlich dem Sinn nach, „Darreichen der Hände".

Auf der Insel Nengone[5] heißt 10 auch „die beiden Seiten", bei den Unaliteskimo[6] „die obere Hälfte des Körpers", bei den Towkaindianern[7] in Südamerika „$\frac{1}{2}$ Mensch". Auch bei den Bongo[8] im Sudan ist 10 mit „Mensch" verwandt. Auf Yap[9] soll nach Müller zehn eine fremdartige Bildung sein, die vielleicht den Sinn hat, „das dürfte ich sein".

Im Bari[10] in Afrika ist 10 identisch mit „Berg", auf Samoa[11] in Ozeanien heißt es „eine Feder" oder „ein Körperhaar". Im Maidu[12] in Kalifornien kommt ein Wort für zehn vor, das mit „Pfeil" zu übersetzen ist. Auf Neukaledonien[13] endlich bedeutet zehn „ein Kopf" und stimmt darin überein mit dem Ausdruck für 10, der sich bei den Goajiro[14] in Südamerika in den Worten für 20 und den übrigen Zehnern findet. In vielen Bantusprachen[15] werden die höheren Zehner mit einem Wort für 10 gebildet, das wahrscheinlich aus dem Handel stammt und dem Sinn nach etwa „Serie" oder „Reihe" bedeutet; die Perlen werden nämlich zu 10 in einer Reihe abgezählt. In der Bantusprache des Ngala[15] ist für 10 in den höheren Zehnern ein Ausdruck in Gebrauch, der von „binden" herkommt, da 10 zusammengebundene Messingringe eine höhere Geldeinheit im Handelsverkehr bilden.

Bei dem Aruakstamm der Mehinaku[16] heißt 20 „zehn Zehen", bei dem Guaikurustamm der Abiponen[17] „die Finger und Zehen von beiden Händen und Füßen", bei gewissen Karaibenstämmen[18] „alle Handsöhne und alle

---

[1] Pott II, S. 47, 48.　　[2] Schmidl, S. 179f.　　[3] Ernst, S. 435.　　[4] Pott I, S. 90.
[5] Eisenstädter, S. 178.　　[6] Nelson, S. 237/238.　　[7] Tylor, S. 246.　　[8] Schweinfurth, S. 9, 25.　　[9] Müller, S. 125.　　[10] Pott II, S. 31.　　[11] Brown, S. 302
[12] Dixon u. Kroeber, S. 686.　　[13] Bernier, S. 594.　　[14] Ernst, S. 435.　　[15] Schmidl. S. 179f.　　[16] von den Steinen I, S. 529.　　[17] Dobritzhofer, S. 202f.　　[18] Pott I¯ S. ⌐8

Fußsöhne", im Kochimi[1] in Nordamerika „alle Finger und Zehen". Bei den Kiriri[2] in Südamerika bedeutet 20 „beide Hände samt den Füßen", bei dem Tupistamm der Guarani[3] und dem Karaibenstamm der Motilone[4] „Hände und Füße", bei den Carayaindianern[5] „unsere beiden Füße zu Ende", im Lengua[6] im Gran Chako von Paraguay „beendet die Füße", im Schoschonendialekt von Luiseno"[7] „mein anderer Fuß beendet", auf Muralag Island[8] „Fuß Fuß", im Vayu[9] in Asien „Füße Hände alle", im Toaripi auf Neuguinea[10] „die Hand jeder Seite, die Hand jeder Seite, ein Bein jeder Seite, ein Bein jeder Seite".

Ähnlich wie diese Bildungen sind vielleicht aufzufassen die Ausdrücke „soulé, soulé" bei den Mogwandie[11] im Kongo, und „tabis tabis" bei gewissen Indianern in der Gegend von Merida[12] in Venezuela, wo „soulé" bzw. „tabis" 10 bedeuten. Auch bei australischen Völkern finden wir das Wort „Fuß" in zwanzig.

Die Zahl 20 wird durch „Mann", „Mensch" oder „Person" ausgedrückt in der Südsee z. B. auf den Loyaltyinseln Lifu[13] und Nengone[13], auf Neuguinea sowohl in melanesischen Sprachen wie in Papuasprachen, z. B. im Bili-Bili[14], Rook[14], Hansa[14], Kai[15], Bussim[15], Dobu[16], Jabim[17] und Sekar[18], ferner bei den Sulka[19] auf Neupommern, in Amerika bei den Eskimo[20], Tlingit,[21] Bella-Cola[22], Chemakum[23], bei den Maidu[24] und Wintun[25], Schastan[26], Arikara[27] und bei Karaibenstämmen[28]. In Afrika finden wir „Mann", „Mensch" oder „Person" für 20 bei den Konde[29] und Vei[30], in Asien bei den Korjäken[31] und Tschuktschen.[32] Bei dem Karaibenstamm der Tamanaken[33] heißt 20 „ein ganzer Indianer", im Cahuatel[34], einer sonorischen Sprache „der Körper". Den Ttynai[35] am Beringsmeer erscheint das Vorhandensein von zwanzig Fingern und Zehen so charakteristisch für den Menschen, daß das ganze Volk sich danach nennt. Ttyna heißt nämlich 20. Auf der Insel Radak[35] bedeutet zwanzig „ein Weib".

Vielfach ist der „Mensch" enthaltende Ausdruck für 20 eine Phrase. So heißt z. B. 20 im Grönländischen[36] „ein ganzer Mensch zu Ende", bei den Unaliteskimo[37], wenn sie zählen, „der Mann ist beendet". Wenn man den Unaliteskimo aber fragt, wieviel Zehen und Finger er gezählt hat, so

---

[1] McGee II, S. 320. [2] Pott II, S. 70. [3] Pott I, S. 6. [4] Bolinder, S. 377. [5] Ehrenreich II, 1894, S. 55/56. [6] J. A. J. XXXI, S. 296. [7] Dixon u. Kroeber, S. 689. [8] Ray I, S. 46. [9] Hodson, S. 333. [10] Ray I, S. 345. [11] Viaene, S. 500, 511. [12] Ernst I, S. 193. [13] Ray II, S. 270. [14] Ray IV, S. 327f. [15] Ray II, S. 329f. [16] Ray I, S. 467. [17] Eisenstädter, S. 178. [18] Frobenius, S. 19. [19] Parkinson, S. 769f.: H. Müller. [20] Pott I, S. 3. [21] Erman, S. 217. [22] Boas II, S. 205f. [23] Boas, S. 40. [24] Dixon u. Kroeber, S. 688. [25] Dixon u. Kroeber, S. 686. [26] Dixon u. Kroeber, S. 678, 690. [27] Pott II, S. 59f. [28] Pott I, S. 70. [29] Schmidl, S. 181. [30] Tylor, S. 248. [31] Erman, S. 217. [22] McGee I, S. 913. [33] Eisenstädter, S. 176, 177. [34] C. Thomas, S. 867. [35] Erman, S. 218. [36] Bastian, S. 223. [37] Nelson, S. 237, 238.

antwortet er für 20 „ein Mensch fertig". Auf Neuguinea[1] sagt man für 20 vielfach „ein Mensch ist beendet" oder „ein Mensch ist tot", im Banda im Sudan[2] „nimm einen Menschen", im Baria[3] „ein Mensch ist fertig".

Bei dem Hamitenvolk der Ful[4] heißt 20 „es ist fertig", in gewissen Pomodialekten[5] in Kalifornien steckt in zwanzig das Wort „voll".

Zwanzig in der Form 2×10 dem tieferen Sinn nach mehr oder weniger abgeschliffen findet sich in verschiedenen Sprachen Neuguineas, z. B. im Motu[6], Dobu[6] und Koita[6], ferner auf der Insel Samoa[7], wo es „zwei Federn" heißt, in Afrika im Kaniri[8], wo es „zwei volle", bei den Niam-Niam[9] und Bongo[10], wo es „zwei Menschen", und bei den Ewe[11], in deren Dezimalsystem es „binde zwei (Büschel à 10?)" bedeutet. In Amerika finden wir die Form 2×10 in Maidudialekten[12], bei den Seri[13], im Diegueno[14] und im Schoschonendialekt der Tobikhar[15]. Dort bedeutet es vielleicht auch „zwei Menschen". Bei den Zuni[16] hat es den Sinn „zweimal alle Finger" und bei den Guajiro[17] „zwei Köpfe".

In dem Schoschonendialekt von Gabrielino[18] (vgl. S. 48) heißt zwanzig dem arithmetischen Sinn nach $2 \times 2 \times 5$, im Schoschonendialekt von Luiseno 4×5[19]. Auch dem Wort „ogun", „ogo" oder „oko" für 20 bei den Yoruba[20] soll der Sinn des Zusammenfassens von 4 Bündeln von 5 Kauri zugrunde liegen.

Was die Bezeichnung für die Zahlen zwischen 5 und 10 bzw. 10 und 20 angeht, so ist zunächst festzustellen, daß manche Völker, obwohl sie für 5, 10, 20 und hier und da auch noch für andere Vielfache von 10 Wortbezeichnungen haben, doch die Zahlen zwischen diesen Stufen durch die Worte von 1 bis 4 bzw. 1 bis 9, ohne jeden Zusatz angeben. Es gilt dies z. B. bezüglich des Zählens von 6 bis 9 für die Nasioi[21] auf Südostbougainville und die Murua[22] auf Neuguinea, bezüglich der Zahlen von 11 bis 19 für die Sa'a-Sprache[23] auf der Salomoninsel Malaita, für die Tiwaindianer[24] in Neumexiko und für die Basoga-Batamba[25] in Uganda. Auch in anderen Sprachen, z. B. bei den Betoya[26] in Nordwestbrasilien finden sich Spuren davon. Wenn auf Malaita ein Eingeborener beim Zählen nicht mehr weiß, wieviel Zehner er schon erledigt hat, so sagt er: „Wieviel Mal hatte ich doch gezehnert?" Die Nasioi können auch anders, ebenso die Eingeborenen von Malaita und die Tiwaindianer, tun es aber im gewöhnlichen Ver-

---

[1] Ray I, S. 467, 478.   [2] Schmidl, S. 187.   [3] Schmidl, S. 190.   [4] Schmidl, S. 187.   [5] Dixon u. Kroeber, S. 676, 686.   [6] Ray I, S. 360, 361, 467, 469. [7] Brown, S. 302.   [8] Pott II, S. 47.   [9] Schmidl, S. 191.   [10] Schweinfurth, S. 25, 51.   [11] Schmidl, S. 193.   [12] Dixon u. Kroeber, S. 688.   [13] McGee II, S. 320.   [14] Dixon u. Kroeber, S. 690.   [15] McGee I, S. 878.   [16] Cushing, S. 296. [17] Ernst, S. 435.   [18] Dixon u. Kroeber, S. 681, 689.   [19] Dixon u. Kroeber, S. 689.   [20] Dennett, S. 63.   [21] Rausch, S. 180, 109.   [22] Ray I, S. 466, 470. [23] Ivens, S. 938, 939.   [24] Harrington, S. 31.   [25] Condon, S. 368.   [26] Koch-Grünberg I, S. 184.

kehr nicht. Im Annual Report on British New-Guinea 1889, 1890, S. 148, wird vermutet, auch im Murua sei die Benennung der ersten oder zweiten Hand in den Zahlworten einfach verlorengegangen.[1]

Wo bei der Bezeichnung der Zahlen 5 bis 10 bzw. 20 ein tieferer, von den schon besprochenen Zahlworten unabhängiger etymologischer Sinn noch erkennbar ist, bezieht er sich, wie scheint, meistens auf die Zählgeste.

In Afrika ist der Stamm „springen" in den Zahlworten für 6 und 7 weit verbreitet, weil man eben bei 6 zur anderen Hand übergeht. Er findet sich z. B. bei den Sotho[2], Herero[3], Kongo[4], Jumbe[4], Mongo[4], Bala[4], Bua[5], im Duala[5] und in Ugandasprachen.[6] Bei den Guajiroindianern[7] bedeutet 6 „Finger", und dem Sinn nach das gleiche soll wohl das Wort „Stück" im Taosdialekt der Tiwasprache[8] sagen, weil ein Finger eben ein Stück der anderen Hand ist. Das Zahlwort sieben hängt im Sotho[9] in Afrika, im Guajiro[7] in Südamerika und im Yurok[10] in Nordamerika mit „zeigen" zusammen. In der Chemakumsprache[11] in Oregon waren sieben und acht die Namen der entsprechenden Finger. Bei den Guajiro[7] heißt acht soviel wie „wirkliche Spitze der rechten Hand", bei den Sotho[2] hängt ein Wort für 8 mit „zeichnen" zusammen (es handelt sich um den Mittelfinger der rechten Hand), bei den Yurok[12] mit „lang". Eines der Zahlworte für 9 im Guajiro[7] heißt wahrscheinlich „Nachbar" oder „Gefährte", und auch im Yurok[12] ist der Name für 9 nichts anderes als der Name des entsprechenden Fingers. In der Sprache von Sa'a[13] hängt acht mit „alle" zusammen, im Luba[14] im Kongostaat heißt sieben etwa „die kleine Sache", acht „die große Sache". Auch im Achtersystem der Yuki[15] in Kalifornien sollen sich viele Ausdrücke auf die Finger beziehen. So geben z. B. Dixon und Kroeber[16] acht mit „hand — 2 — cut" oder „hand — 2 — only" wieder.

In manchen Sprachen finden sich auch Wörter mit selbständigem Stamm für 15, so im Vigesimalsystem der Poto[17] und Ngombe[17], wo 15 „bokolomoi" heißt, wie Wertheimer nach Stappelton angibt, ohne aber den Sinn des Wortes zu erklären. In anderen Sprachen kommt 15 auch eine Sonderstellung beim Aufbau der Zahlworte zu, ist aber mit vorangehenden Zahlworten dem Stamm nach verwandt. So heißt es z. B. im Banda[18] im Sudan „grivuta" = „drei Fäuste" (vota — drei).

Was nun den arithmetischen Sinn der Zahlworte zwischen 5 und 10 bzw. 10 und 20, 20 und 30 usw. angeht, soweit ihre Stämme sich auf die

[1] Ray I, S. 466.   [2] Schmidl, S. 176.   [3] Schmidl, S. 169.   [4] Viaene, S. 514.
[5] Schmidl, S. 177.   [6] Meinhof, S. 731.   [7] Ernst, S. 435.   [8] Harrington, S. 30.
[9] Schmidl, S. 175.   [10] Dixon u. Kroeber, S. 666.   [11] Boas, S. 40.   [12] Dixon u. Kroeber, S. 684.   [13] Ray I, S. 464.   [14] Viaene, S. 514; Wertheimer, S. 339. [15] Dixon u. Kroeber, S. 668, 685.   [16] Dixon u. Kroeber, S. 668, 685.   [17] Wertheimer, S. 344.   [18] Schmidl, S. 190.

Stämme kleinerer Zahlen zurückführen lassen, so ist der einfachste Fall der, daß die Zahlworte zum Ausdruck bringen, wie die in Frage stehende Zahl durch Addition aus der vorangehenden Gruppenzahl entstand. Für die Zahl 7 sind danach z. B. Formen möglich wie „fünf“ (und, mit, zu) „zwei“, „zwei (und, mit, zu) fünf“, „zwei mehr als fünf“, „zwei dazu“, „und zwei“, „zwei hinzugefügt“, „zwei drüber“, „noch zwei“, „zwei auf zehn zu“, „die andere zwei“. Alle diese Fälle lassen sich für irgendeines der in Frage kommenden Zahlworte belegen. Für das Ao und Angami in Südasien gibt Hodson sogar die Form an: 17 = „20 not brought 7“, 18 = „20 not brought 8“, 19 = „20 not brought 9“.[1] Bei den Sprachen, deren Zahlworte noch wenig oder gar nicht abgeschliffen sind, kommen dann manchmal wieder recht umständliche Ausdrucksweisen vor, so z. B. im Betoya, Sulka, Wedau und Awalama (vgl. S. 49). Das Prinzip der zwei möglichst gleichgroßen Summanden tritt, von Ausnahmen abgesehen (vgl. S. 58), wo es in den Gesten sich zeigt, auch in der Bildung der Zahlworte auf, so z. B. bei den Dènè-Dinjé.[2] Dort heißt 6 „es sind auf jeder Seite drei“, 7 „auf einer Seite sind vier“, und 8 „vier und vier“ oder „vier auf jeder Seite“. Im Ekoi[3], Keaka[3] und Obang[3] an der Grenze zwischen Bantu- und Sudansprachen bedeutet 6 = „esaresa“ = „drei und drei“, 7 = „enigesa“ = vier und drei“, 8 = enigani = „vier und vier“, 9 = „eronani“ = „fünf und vier“.

Bei manchen Völkern werden nur die geraden Zahlen so wie nach dem Prinzip der zwei möglichst gleich großen Summanden ausgedrückt, und zwar durch Addition zweier gleicher Summanden, die ungeraden dann, indem zu der so gebildeten Summe „eins“ hinzugefügt wird. So heißt z. B. 6 im Karenni[4], Yintale[4] und Mano[4] in Südasien „drei-drei“, 7 dann „drei-drei-eins“, bei den Seri[5] in Mexiko heißt 6 „drei wiederholt“ oder „drei hinzugefügt“, im Maidu[6] in Kalifornien „drei doppelt“, im Waima[7] und Roro auf Neuguinea „ein Paar drei“, 7 „dann ein Paar drei und eins“, 6 im Motu[7] ebenda „doppeldrei“, im Guarani[8] in Südamerika ist 6 = „lauter drei“, 7 = „lauter drei und danach noch eins“. Die Dènè-Dindjé[9] haben für 7 eine umständliche Form, „drei auf jeder Seite, die Spitze in der Mitte“. Ähnlich ist es mit 8. Diese Zahl heißt in der Sprache der Insel Engano[10] im malaiischen Archipel und in gewissen Kongosprachen, wie im Kongo[11], Bala[11] und Lunda[11] „vier, vier“. Im Motu[7] auf Neuguinea bedeutet 8 „doppelvier“, 9 = „dann doppelvier und eins“, im Guarani[8] 8 „immer vier“, 9 „immer vier danach noch eins“, im Waima[7] und Roro[7] auf Neuguinea 8 „ein Paar vier“, in einem Maidudialekt 8 „vier doppelt“[6],

---

[1] Hodson, S. 333. [2] Petitot, S. LV. [3] Schmidl, S. 178. [4] Hodson, S. 1064, 1065. [5] McGee II, S. 312. [6] Dixon u. Kroeber, S. 688. [7] Ray I, S. 465. [8] Wertheimer, S. 339. [9] Petitot, S. LV. [10] Frobenius, S. 22. [11] Viaene, S. 514.

bei anderen Maidu-[1] und gewissen Schoschonenstämmen[2], ebenso auf Neupommern[3] und Neulauenburg[3] „zweimal vier", im Seri[4] in Mexiko „vier wiederholt", im Karenni[5], Yintale[5], Mano[5], Miri[6] und Dafla[6] in Südasien sowie in Nordamerika bei den Comanchen[7] und Yuma[8] „vier zweimal" bzw. „viermal zwei".

Selbst Verdreifachung findet man zur Bildung der Zahlwörter zwischen 1 und 20 verwandt, so in gewissen Wintun-[9], Salinan-[9], Chumasch-[9] und Schoschonendialekten[9], wo für 12 „drei vier" gesagt wird, was allerdings auf Vierersysteme oder auf Beeinflussung durch solche zurückgeführt werden könnte. Jedoch kommt im Yumasprachstamm[10] für 9 auch die Form „drei dreien" vor.

Von den Kerepunu[11] auf Neuguinea behauptet Frobenius, das dortige Wort „auravaivai" für 8 bedeute wörtlich „2 $\times$ 2 $\times$ 2". Während bei gewissen Völkern die multiplikativen Formen nur vereinzelt vorkommen, finden wir sie bei anderen durch die ganzen Zahlenreihen hindurch systematisch zum Aufbau benutzt.

Außerordentlich weit verbreitet ist bei der Darstellung der Zahlen, die zwischen 5 und 10, 10 und 20, 20 und 30 usw. liegen, die Verwendung der Subtraktion von der nächsthöheren Gruppenzahl oder der Angabe der Ergänzung, die nötig ist, um die nächsthöhere Gruppenzahl zu erreichen. Im Dezimalsystem ist die Zahldarstellung der 9 durch Subtraktion von der 10 nach Graebner in austronesischen, einzelnen semitischen Sprachen, im Hottentottischen und unter den Bantu besonders bei den Kaffernvölkern anzutreffen.[12] Wir finden sie aber auch bei Sudanvölkern[13], in Asien in tibeto-burmanischen[14], dravidischen[15], altai-uralischen Sprachen[16] und bei den Ainos[17], in Amerika bei Eskimo-[18] und Athapaskenstämmen[19], in kalifornischen Sprachen[20], bei den Käddo[21] und bei vereinzelten anderen Stämmen, z. B. bei den Krähenindianern.[22] Brown erwähnt die Subtraktionsmethode für 8 und 9 von Neupommern[23] und Neulauenburg[23], und Bley schreibt von den gleichen Gegenden[24], daß die Eingeborenen häufig statt 8 = „a lavutul" oder „a taltal" 8 = „upi na ivut, ma na arip" = „noch 2 an 10 fehlend", statt 9 = „a lavuvat", „upi ma tikai, ma na arip" = „noch 1 an 10 fehlend" brauchen. Im Kerepunu[25] auf Neuguinea soll 7 nach Frobenius „mabere auravaivai" = 8—1 heißen. Der Bericht der

---

[1] Dixon u. Kroeber, S. 688. [2] C. Thomas, S. 878, 923. [3] Brown, S. 294. [4] McGee II, S. 312. [5] Hodson, S. 1064, 1065. [6] Hodson, S. 333. [7] C. Thomas, S. 929. [8] McGee II, S. 315. [9] Dixon u. Kroeber, S. 688. [10] McGee, S. 317. [11] Frobenius, S. 25. [12] Graebner II, S. 1117. [13] Schmidl, S. 189. [14] Hodson, S. 327. [15] Oppert, S. 124. [16] Wackernagel, S. 37. [17] Pott I, S. 85f. [18] Nelson, S. 237, 238. [19] Le Goff, S. 1167, 1168. [20] Dixon u. Kroeber, S. 669. [21] Pott II, S. 59f.; Wertheimer, S. 339. [22] Pott II, S. 65. [23] Brown, S. 294. [24] Bley, S. 94, 95. [25] Frobenius, S. 25.

Cambridgeexpedition gibt für das Kerepunu und ebenso für das Hula[1] und Galoma[1] ebendort noch die Form an 9 = „mabere kagahalama" = „Einheit weniger als eine zehn" und für das Koita[2] gleichfalls auf Neuguinea 8 = „2 nicht", 9 = „1 nicht". Auf der Insel Matty[3] im ehemaligen Deutsch-Ozeanien finden sich die Formen $9 = 10 - 1$, $8 = 10 - 2$ und vielleicht auch noch $7 = 10 - 3$ neben den streng melanesischen Formen „Hand + zwei Finger" usw., und neben den mikronesischen Formen $7 = 3 \times 2 + 1$, $8 = 4 \times 2$, $9 = 4 \times 2 + 1$. Sie sollen durch malaiischen Einfluß dort hingekommen sein. Innerhalb des ehemaligen deutschen Schutzgebietes findet sich die in Frage stehende Zahldarstellung dann noch auf den Hermit-[3], Anachoret-[3] und Admiralitätsinseln[3], wo 7 „noch drei" heißt, 8 „zwei nimm weg" und 9 „zwei nimm weg und eins" und ferner auf Yap[4], wo die Namen für 7, 8 und 9 bzw. „noch drei", „noch zwei", „noch eins" bedeuten. Für 9 sagen die Lhota Naga[5] „eins an zehn fehlend". — Sowohl bei den Lhota Naga wie bei den Ao[6] und Angami[6] finden sich für die Zahlen 16 bis 19 die Formen: „um vier" (bzw. drei, zwei, eins) zwanzig unvollständig". Die Lhota Naga ziehen allerdings die Form „zehn mehr sechs (sieben, acht, neun)" vor. In altai-uralischen[7] und dravisischen[8] Sprachen kommen für 8 und 9 die Formen $10 - 1$, $10 - 2$ vor, für die Ainos[9] gibt Pott nicht nur diese Formen an, sondern er vermutet, daß auch 6 und 7 dort als „vier von zehn" bzw. „drei von zehn" aufzufassen sind.

Bei den Unaliteskimo[10] heißt 9 „zehn fehlend 1", bei den Pomo[11] in Kalifornien „zehn weniger", dagegen heißt dort 10 „zehn voll", ferner wird 14 durch „fünfzehn weniger" ausgedrückt, 15 dann durch „fünfzehn voll", 19 durch „eins hma weniger", 20 durch „eins hma voll". Bei den Krähenindianern[12] bedeutet 9 „eins davon", 8 „zwei davon", bei den Arikara[13], einem Käddostamm, 7 „acht weniger", 9 „zehn weniger", 13 „vierzehn weniger", 19 „zwanzig weniger eins", 27 „zwanzig und acht weniger eins", 29 „zwanzig und zehn weniger eins", 38 „vierzig weniger" (zwei?), 39 „vierzig weniger eins" ..., 119 „einhundertzwanzig weniger eins" usw. — Bei den Zulukaffern[14] heißt 8 „der große" oder „laß zwei weg", 9 „laß einen weg", im Konde[15] im Sudan 9 „zusammenschlagen, eins", bei den Yorubanegern[16] werden 16 bis 19 angegeben durch „vier (drei, zwei, eins) von zwanzig", 25 wird ausgedrückt durch „von dreißig" und 35 durch „von vierzig".

---

[1] Ray I, S. 465, 466.   [2] Ray I, S. 360, 361.   [3] Demphoff, S. 384.
[4] P. Paulinus, S. 540.   [5] Witter, S. 27.   [6] Witter, S. 27.   [7] Wackernagel, S. 37.   [8] Oppert, S. 124.   [9] Pott I, S. 86.   [10] Nelson, S. 237, 238.   [11] Dixon u. Kroeber, S. 676, 686.   [12] Pott II, S. 65.
[13] Pott II, S. 59f.   [14] Bastian, S. 223.   [15] Wertheimer, S. 338.   [16] Pott II, S. 93.

Es seien nun einige Zahlenreihen ihrem etymologischen Sinn nach im Zusammenhang angegeben.

Die Schoschonen von Luiseno[1] in Kalifornien haben einfache Zahlwörter nur bis 5. Darüber hinaus zählen sie:

6 { wieder eins,
eine andere außer eins,
fünf eins drauf,
außer meiner Hand ein Finger.

7, 8, 9, 10 werden entsprechend gebildet, nur treten an Stelle von 1 — 2, 3, 4, 5.

Für 10 kommen auch die Formen vor:

10 = { meine Hand beendet beide,
all meine Hand beendet.

11 = { außer meiner anderen Hand ein Finger,
zweimal fünf eins drauf.

12, 13, 14 werden entsprechend gebildet.

15 = alle meine Hand beendet und mein einer Fuß.

16 = { außer meinem Fuß ein Finger (= Zehe),
dreimal fünf eins drauf.

17, 18, 19 werden entsprechend gebildet.

20 = mein Fuß auf der anderen Seite beendet, viermal fünf.

21 = außer meinem anderen Fuß ein Finger (= Zehe).

25 = all meine Hand mein Fuß beendet und eine andere fünf.

30 = fünfmal fünf fünf drauf.

40 = { all meine Hand mein Fuß beendet wieder all meine Hand mein Fuß beendet.
zweimal meine Hand mein Fuß beendet.

71 = fünfmal fünf, eine andere fünfmal fünf, und viermal fünf, eins drauf.

80 = viermal all meine Hand mein Fuß beendet.

100 = fünfmal all meine Hand mein Fuß beendet.

200 = wieder fünfmal all meine Hand mein Fuß beendet.

Die Nahuqua[2], ein Karaibenstamm am Kulisehu, zählen von 11 bis 15 an den Zehen des rechten Fußes, von 16 bis 20 an den Zehen des linken Fußes: 11 = eins Fuß, 12 = zwei Fuß, 13 = drei Fuß, 14 = vier Fuß, 15 = Hand Fuß, 16 = eins Fuß, 17 = zwei Fuß, 18 = drei Fuß, 19 = vier Fuß, 20 = zehn Fuß.

Die Tamanaken[3], ein Karaibenstamm im Norden von Südamerika, zählen von 5 ab: 5 = eine ganze Hand, 6 = eins an der andern Hand,

---

[1] Dixon u. Kroeber, S. 689. [2] von den Steinen, S. 526. [3] Eisenstädter, S. 176, 177.

7 = zwei an der anderen Hand, 8 = drei an der andern Hand, 9 = vier an der anderen Hand, 10 = beide Hände, 11 = eins zum Fuß, 12 = zwei zum Fuß, 13 = drei zum Fuß, 14 = vier zum Fuß, 15 = ein ganzer Fuß, 16 = eins zum andern Fuß, 17 = zwei zum andern Fuß, 18 = drei zum andern Fuß, 19 = vier zum andern Fuß, 20 = ein ganzer Indianer, 21 = eins von der Hand des andern Indianers, 40 = zwei Indianer, 60 = drei Indianer, 100 = fünf Indianer.

Die Wedau[1] auf Neuguinea zählen bis 3 mit einfachen Worten und von da ab (vgl. S. 49): 4 = zwei und zwei, 5 = Hand ist beendet, 6 = andere Hand eins, 7 = andere Hand zwei, 8 = andere Hand drei, 9 = andere Hand vier, 10 = zwei Hände sind beendet, 11 = zwei Hände sind beendet an den Füßen eins, 12 = zwei Hände sind beendet an den Füßen zwei, 13 = zwei Hände sind beendet an den Füßen drei, 14 = zwei Hände sind beendet an den Füßen vier, 15 = zwei Hände sind beendet ein Fuß ist beendet, 16 = zwei Hände sind beendet, ein Fuß ist beendet, am anderen Fuß eins, 17, 18, 19 entsprechend, 20 = ein Mann ist tot (d. h. beendet).

Die längeren Ausdrücke können augenscheinlich abgekürzt werden, wenn die Sicherheit besteht, daß die vorausgehenden Zahlen verstanden sind. Es heißt dann einfach: 12 = am Fuß zwei.

Die Sothoneger[2] zählen von 5 bis 9: 5 = beenden die Hand, 6 = überspringen, 7 = zielend zeigen auf, 8 = beugen zwei Finger, 9 = beugen einen Finger.

Die Zahlworte der Zuniindianer[3], die bis 5 schon S. 64 angegeben wurden, haben, wie Cushing mitteilt, von 6 ab folgenden Sinn: 6 = einen anderen mit dem Geschehenen zusammentun, 7 = zwei andere mit dem Geschehenen zusammentun, 8 = drei andere mit dem Geschehenen zusammentun, 8 = drei andere mit dem Geschehenen zusammentun, 9 = fast aufgebraucht mit dem Geschehenen, 10 = alle Finger, 11 = alle Finger und noch einen hinzugehalten, 12 bis 19 entsprechend, 20 = zweimal alle Finger, 30 bis 90 heißen entsprechend, 100 = die Finger alle Finger (hinzugetan), 1000 = die Finger alle Finger mal (hinzugetan) alle Finger.

Die Huku[4] in Afrika sagen für 8 dem arithmetischen Sinn nach „zweimal vier", für 9 „zweimal vier und eins" und zählen von 16 bis 19: 16 = $(2 \times 4) \times 2$, 17 = $[(2 \times 4) \times 2] + 1$, 18 = $[(2 \times 4) \times 2] + 2$, 19 = $[(2 \times 4) \times 2] + 3$.

Bei gewissen Indianerstämmen zwischen dem Rio Norte und St. Antonio von Texas[5] hatten die Zahlen von 6 an folgenden arithmetischen Sinn:

---

[1] Ray I, S. 466.   [2] Endemann II, S. 56.   [3] Cushing, S. 295f.   [4] Schmidl, S. 177f.   [5] Pott I, S. 69.

$6 = (2 + 1) \times 2$, $7 = 4 + 2 + 1$, $8 = 4 \times 2$, $9 = 4 + 5$, $10 = 5 \times 2$, $11 = (5 \times 2) + 1$, $12 = 4 \times (2 + 1)$, $13 = 4 \times (2 + 1) + 1$, $14 = 4 \times (2 + 1) + 2$, $15 = 5 \times (2 + 1)$, $16 = 5 \times (2 + 1) + 1$, $17 = 5 \times (2 + 1) + 2$, $18 = 6 \times (2 + 1)$, $20 = $ taiguaco (Sinn?), $30 = 20 + (5 \times 2)$, $40 = 20 \times 2$, $50 = 20 \times 2 + (5 \times 2)$ usw.

Bezüglich des Aufbaus der Zahlenreihe über 20 muß auf manche Ausführungen und Beispiele in diesem und dem vorigen Kapitel verwiesen werden.

Es sind nur noch Ergänzungen hinzuzufügen. Gewisse Völker zählen nicht weiter als 20 und bezeichnen alles, was darüber liegt, mit dem Wort „viel" (vgl. S. 39f.). Die Zehner im Zehnersystem werden rein arithmetisch aufgefaßt, meistens in Formen wie „7×10", „$7 \times$", „10×7", „$\times 7$" gegeben. Im Zwanzigersystem haben die vollen Zwanziger Formen wie $60 = 3 \times 20$, $60 = 20 \times 3$ oder $60 = 3 \times$, für die zwischen den Zwanzigern liegenden Zehner kommen Bildungen vor wie $70 = 3 \times 20 + 10$" oder „10 auf 4×20 zu" oder „10 von 4×20" bzw. „$4 \times 20 - 10$".

Die Formen 3×10, 4×10 usw. des Zehnersystems, wobei ich davon absehe, ob für mal ein besonderes Wort gebraucht wird oder nicht, finden sich in Amerika z. B. bei den Maidu von Spanisch-Flat[1], in Südasien im Mru[2], in Afrika bei den Namaqua-Hottentotten[3] und in der Form „drei Menschen", vier Menschen" bei den Niam-Niam.[4]

Die umgekehrten Bildungen 10×3, 10×4 usw., wobei wieder davon abgesehen wird, ob ein Wort für mal vorhanden ist oder nicht, sind z. B. im Yumasprachstamm[5] in Amerika, im Kirundi[6] im Kongo und in den Papuasprachen des Damara[7] und Mailu[8] auf Neuguinea nachgewiesen. — Es kommen aber auch ganz anders geartete Formen für die Zehner vor. So haben die Niam-Niam[9] neben den erwähnten Ausdrücken für 30 noch 2×15, für 60 4×15 usw. Im Nasioi[10] in Ozeanien und in Afrika bei den Bantuvölkern der Ganda[11] und Soga[11] ist 50 besonders ausgezeichnet. Es heißt 50 bei den Nasioi „noch 5×10" gerade wie z. B. vorher 40 „4×10". Für 60 aber wird gesagt „von einem 50 an eine zweite 10", und entsprechend ist es für die übrigen Zehner. Die erwähnten Bantuvölker bauen auch von 50 an, das noch als 10×5 aufgefaßt wird, die Zehner in Worten nach anderem Prinzip auf. In Hamitensprachen liegen ähnliche Verhältnisse vor[12]. Im Suk[12] z. B. wird 60 als 50 und 10 ausgesprochen. Im Schastan[13] von Achomawi in Kalifornien sind 70 und 80 von der Basis 60 aus gebildet.

---

[1] Dixon u. Kroeber, S. 688.   [2] Hodson, S. 330.   [3] Pott II, S. 48   [4] Schweinfurth, S. 51.   [5] McGee II, S. 320/321.   [6] Viaene, S. 418.   [7] Ray I, S. 377.   [8] Ray I, S. 381.   [9] Schweinfurth, S. 51f.   [10] Rausch, S. 108/109.   [11] Schmidl, S. 181.   [12] Schmidl, S. 187f.   [13] Dixon u. Kroeber, S. 678, 687.

Schließlich drücken die Mogwandi[1] im Kongo die Zehnerzahlen nach Leutnant Viaene dadurch aus, daß sie so oft als nötig „soulé" = 10 wiederholen.[2] Für 100 setzen sie also „soulé" zehnmal hintereinander. Zehnmal zehn für 100 finden wir in Ozeanien, z. B. auf Ulaua[3] (Contrariétés-Insel), einer der kleinen Salomonen, in Südasien in gewissen tibeto-burmanischen Dialekten, z. B. in Mru[4], in Afrika bei den Namaquahottentotten[5] und bei den Wamatumbi.[6] Die Namaquahottentotten sollen außerdem für 100 noch „die große zehn" sagen.[5] Diesen Ausdruck für 100 finden wir dann ferner bei den Catawbaindianern[7], einem Siouxstamm. Das Wort der Osagen[8], eines anderen Siouxstammes für 100 übersetzt Pott mit „die große Zehnerherde".

Die Sotho[9] sollen für 100 ein selbständiges dem Stamm nach mit „groß" verwandtes Wort haben. Ein selbständiges Wort für 100 findet sich dann ferner noch in Asien in tibeto-burmanischen Sprachen[10], in Afrika bei den Kirundi[11] und in Ozeanien bei den Mafoorpapua.[12]

Im Damara[13] und Mailu[14], zwei anderen Papuasprachen, wird 100 durch die Phrase ausgedrückt „die Zehner sind beendet". Die Bewohner der nördlichen Gazellehalbinsel endlich sagen quinar-dezimal für 1000 „hundert Hände" und für 2000 „zweihundert Hände".[15] — Die Formen 3×20 für 60, 4×20 für 80 usw., wobei ich wieder davon absehe, ob ein Wort für mal gebraucht wird oder nicht, lassen sich in Zwanzigersystemen nachweisen auf Neukalodonien[16], bei den Munda-Kolh[17] in Indien, bei den Tschuktschen[18] in Sibirien, bei den Ainos in Japan[19] und auf den Kurilen[20], bei den Mangbetu[21] im Sudan, in gewissen Sprachen Panamas[22], ferner bei den Arikaraindianern[4] von 300 an aufwärts.[23]

Die Formen 20×2, 20×3, 20×4 usw. finden sich in Afrika bei den Vei[24], wo z. B. „mo = 20 ist, „fera" (= Gefährte, Genosse) = 2 und demnach „mo fera" = 40, bei den Yoruba[25] sowie in Guaimi[26] in Mittelamerika, die Formen $3 \times$, $4 \times$ für die Zwanziger unter 300 in der Arikarasprache[23], Formen wie $2 \times 2 \times 10$ für 40 in gewissen tibeto-burmanischen Dialekten.[27]

Hundert spielt in den meisten Vigesimalsystemen keine große Rolle und kann also z. B. 5×20, 5 Menschen, $5 \times$, 20×5 usw. heißen. — Die

---

[1] Viaene, S. 500/511.   [2] Viaene, S. 500, 511.   [3] von der Gabelentz 1873, S. 112.   [4] Hodson, S. 330.   [5] Hahn, S. 240.   [6] Weckauf, S. 373 f. [7] A. A. 1900, S. 535.   [8] Pott I, S. 67.   [9] Endemann, II, S. 56/57. [10] Hodson, S. 331.   [11] Viaene, S. 418.   [12] A. B. Meyer, S. 310.   [13] Ray I, S. 377.   [14] Ray I, S. 381.   [15] Bley, S. 94.   [16] von der Gabelentz 1873, S. 183.   [17] Z. f. E. 1873, S. 174.   [18] Erik Nordenskiöld, S. 210.   [19] Pott I, S. 87. [20] A. A. 1919, S. 307.   [21] Viaene, S. 502.   [22] A. A. 1912, S. 117, 118.   [23] Pott II, S. 61 f.   [24] Oppert, S. 123.   [25] Pott II, S. 94.   [26] C. Thomas, S. 916. [27] Hodson, S. 318.

ungeraden Zehner des Zwanzigersystems werden in der Sprache von Neukaledonien[1], im Tschuktschischen[2], im Munda-Kolh[3], im Arikara[4], im Cora[5], in gewissen Panamasprachen[6] durch Formen wie $50 = 2 \times 20 + 10$ wiedergegeben, im Yoruba[7] und in der Sprache der Ainos[8] durch Formen wie „$3 \times 20 - 10$" bzw. „10 von 3×20" oder gar „von 3×20". Im Tschang in Südasien liegt die Ausdrucksweise „$10 + 2 \times 20$" vor, in gewissen Maidudialekten in Kalifornien „10 auf 60" zu.

Was die Benennungen für 400 anbelangt, wenn bei einem Volk die Zahlwortreihe überhaupt bis dahin reicht, so gibt Mansfeld für die Ekoi[9] am Croßfluß in Kamerun die Form „20×20" an, Pott gibt das „toschnewano choz" der Ainos[10] mit $2 \times (10 \times 20)$ wieder und das „witau-sanisch" der Arikaraindianer[11] mit „20×20" oder eigentlich „Mensch mal Mensch".

Wo die Zahlworte vom Rechnen mit Kaurimuscheln oder mit ganz bestimmten anderen Dingen hergenommen sind, haben sie natürlich in der Mehrheit der Fälle auch ihren tieferen etymologischen Sinn daher, so z. B. in gewissen Gegenden Westafrikas, wo 40 Kauri auf eine „Schnur" aufgereiht und 50 Schnüre zu einem „Kopf" zusammengefaßt werden. Da das Rechnen mit Kauri überwiegt, heißt dann auch 40 im sonstigen Gebrauch „eine Schnur" und 2000 „ein Kopf".[12]

Wie die zwischen den Zehnern und Hunderten liegenden Zahlen über 20 aufgebaut werden, ist aus Beispielen, die in diesem und vorigen Kapitel angeführt werden, zu erkennen. Geht man, wo es möglich ist, auf den tieferen etymologischen Sinn der Bezeichnungen für die Zahlen ein, so klingt dieser in wörtlicher übersetzter zusammenhängender Rede natürlich manchmal recht eigenartig, besonders, wenn die in Frage kommende Sprache mangels abgeschliffener Zahlwörter für die höheren Werte gezwungen ist, diese durch eine Phrase zu umschreiben. In der Bibelübersetzung der Insel Nengone[13] oder Maré wird die Zahl 38 aus dem Satz Ev. Joh. Kap. V, Vers 5: „Es war ein Mann daselbst 38 Jahre krank gelegen" mit „ein Mensch beide Seiten fünf und drei" wiedergegeben. Der Grönländer[14] sagt für 53 nach Tylor „inup pingajugs sane arkanek pingasut" = „am dritten Menschen am ersten Fuß 3". Im Tavara[15], einer melanesischen Sprache von Britisch-Neuguinea mit quinar-vigesimalem System wird 99 ausgedrückt durch den Satz: „Vier Menschen sterben, und zwei Hände gehen zu Ende, und Fuß geht zu Ende und vier". Im Tubetube[16] sagt man für 601 ähnlich wie bei dem Nachbarvolke der Tavara

[1] von der Gabelentz, 1873, S. 183.   [2] Erik Nordenskiöld, S. 210.
[3] Z. f. E. 1873, S. 174.   [4] Pott II, S. 61 f.   [5] Pott I, S. 90.   [6] A. A. 1912, S. 117, 118.   [7] Pott II, S. 94.   [8] Pott I, S. 87.   [9] Mansfeld, S. 304.
[10] Pott I, S. 87.   [11] Pott II, S. 62.   [12] Tylor, S. 253.   [13] Tylor, S. 247.
[14] vgl. auch Eisenstädter, S. 190.   [15] Ray I, S. 466.   [16] Ray I, S. 469.

„eligige kaigeda tatau eligige si mate io kaigeda" = „fünf (und) ein Mensch fünf sie sterben und eins". Als der König von Dahome die Stadt Abeokuta in Westafrika angriff, wurde er nach den Berichten mit einem Verlust von „zwei Köpfen, zwanzig Schnüren und zwanzig Kauris" also mit einem Verlust von 4820 Mann zurückgeschlagen.[1]

Es ist aber festzustellen, daß Ausdrücke für die hohen Zahlen auch bei der Mehrheit derjenigen Völker, bei denen sie unabhängig von europäischer Beeinflussung vorkommen, meistens nur in enger Verbindung mit ganz bestimmten Dingen benutzt werden. Der Lebenskreis des Naturmenschen ist eben meist so begrenzt, daß Gelegenheiten, bei denen er große Mengen irgendwelcher konkreten Gegenstände exakt feststellen und angeben müßte, ihm, wenn überhaupt, so doch recht selten vorkommen. Infolgedessen ist nicht genügend Antrieb vorhanden, die Zahlen von den Dingen abzuheben und zu Abstraktionen zu schreiten. Die Bezeichnungen für die großen Zahlen sind also absolut nicht als Bezeichnungen für abstrakte Zahlvorstellungen anzusehen. So werden z. B. bei den Küstenbewohnern der Gazellehalbinsel[2] die größeren Zahlen, Zehner, Hunderter, Tausender, wie Parkinson mitteilt, nur beim Zählen der Fäden Muschelgeld gebraucht, und ganz ähnlich ist es zweifellos ursprünglich in den Muschelgeldgegenden des Sudan und in sonstigen Weltgegenden, wo von Naturvölkern, unabhängig vom Einfluß der europäischen Kultur, hohe Mengen genau benannt werden. Liegt dann einmal der Zwang vor, eine hohe Zahl von anderen Dingen oder von Menschen anzugeben, so denkt der Naturmensch diese Zahl durch Vermittlung der Dinge, die er zu zählen gewöhnt ist. Bei dem Verlust des Königs von Dahome z. B. wurde also die hohe Zahl im Geist des Sudannegers durch die Anzahl Köpfe und Schnüre Kauris sowie Einzelkauris repräsentiert, die nötig war, um jedem gefallenen Krieger eine Kaurimuschel zuzuordnen. In anderen Fällen, wo die Finger und Zehen des Menschen das Hauptanschauungsmittel beim Zählen sind, erscheint bei der genauen Vorstellung einer großen Zahl im Geist des Naturmenschen die Anzahl Menschen mit ihren Fingern und Zehen, die nötig sind, um jedem Objekt der in Frage stehenden Menge einen Finger bzw. eine Zehe zuzuordnen. Natürlich sind weitere Schritte auf dem Wege zur Abstraktion wohl hier und da anzutreffen, eine Anzahl ist im Lauf der Arbeit ja aufgezählt worden.

Zum Schluß sei noch einiger Ausdrücke für sehr große Zahlen gedacht, die offenbar willkürlich gebildet sind, zu einem bestimmten System in keiner engeren Beziehung stehen und vielleicht ursprünglich nur sehr viel oder eine unbestimmte große Zahl bedeuten. So sagt man z. B. im Luba im Kongo für 1000 dem Stamm nach „etwas Fettes, Großes".[3]

---

[1] Tylor, S. 253.   [2] Parkinson, S, 732.   [3] Schmidl, S. 18.

Auch das Lubawort für 10000 scheint mit „groß“ zusammenzuhängen.[1] In der Kongosprache bedeutet 10000 „Palmnußbüschel“[1], 100000 „Ameisenhügel“[1], ein anderes Wort für 100 000 „äußeres Ende oder Extremität“.[1] In der Südsee finden wir derartige, aus der Anschauung entnommene Ausdrücke noch in ihrer ursprünglichen Bedeutung für unbestimmt große unzählbare Mengen. In der Sa'asprache auf Malaita sagt man für eine Menge „die Finger von Leuten“.[2] Die Neukaledonier gaben vor 50 Jahren die für sie damals unberechenbaren Zahlen 200 und 300 durch ein Wort wieder, das soviel wie „eine Menge Sandkörner“ hieß.[3] Auf Neupommern und auf der Neulauenburggruppe sagte man damals für eine unbestimmt große Zahl „unsere Füße und Hände oft wiederholt“[4], auch wohl „hundert hundert“, „ein Ameisennest“ oder „ein Termitennest“.[5] Das Wort „lehu“, das man in Polynesien für 400000 brauchte (vgl. S. 52) soll „Asche“ heißen[4], Zahlen darüber heißen auf Hawaii „nalowale“ = „aus dem Gesichtskreis hinaus“, „vergessen“ oder „verloren“.[6]

Die Erörterung des Sinnes der Zahlworte beweist klar und deutlich nochmals zweierlei, nämlich die hohe Bedeutung der Gesten für die Veranschaulichung der Zahlen und die überwiegende Bedeutung der Gruppe und ausgezeichneten Anzahl für die Entstehung der Zahlvorstellungen. Erstere liegt auf der Hand, letztere zeigt sich darin, daß ein sehr großer Teil der Bezeichnungen selbst für die kleineren Zahlen aus Bezeichnungen für leicht übersehbare Gruppen und ausgezeichnete Anzahlen aufgebaut ist, ja, daß sehr viele Zahlen in ihren Bezeichnungen durch subtraktive Bildungen sogar auf die nächsthöhere ausgezeichnete Anzahl 5 oder 10 usw. bezogen werden.

Im Vergleich mit dem Rechnen der Kinder in den ersten Schuljahren besteht insofern ein Unterschied, als den Zahlworten, die wir den Kindern beibringen, jeder sinnliche Inhalt außer der Beziehung auf die in Frage kommende Menge fehlt. Wenn aber behauptet wird, das sei ein wesentlicher Vorteil, und das Zurückbleiben der Naturvölker im Rechnen hänge wesentlich mit dieser Tatsache zusammen, so muß dem entgegentreten werden. Das Umgekehrte ist das Richtige. Weil die Naturvölker so wenig rechnen, sind ihre Zahlworte noch so wenig abgeschliffen und enthalten neben dem arithmetischen in der Mehrheit der Fälle noch den tieferen ursprünglichen anschaulichen Sinn. Sicher kann mit Hilfe so umständlicher Ausdrücke, wie ich sie für 99 und 601 von Neuguinea angab, nicht multipliziert oder dividiert werden. Es ist aber nicht einzusehen, warum Ausdrücke, die aus Bezeichnungen wie „Mensch“ oder „Hände“

---

[1] Schmidl, S. 182.   [2] Ivens. S. S. 940.   [3] Lortsch, S. 120.   [4] Brown, S. 293.
[5] Brown, S. 293.   [6] Ratzel II, S. 132.

für 10, „Hand" für 5 usw. aufgebaut wären, bei unseren Kindern die Entwicklung eines verständnisvollen abstrakten Rechnens verzögern sollten.

Im Gegenteil, in manchen Hilfsschulen werden sinnlich anschauliche Bezeichnungen wenigstens für die ersten Zahlen mit Erfolg bei der Einführung in das Rechnen benutzt. Der Hilfsschulrektor Horrix schreibt: „... *was ich schon länger geahnt, wurde mir durch ... Beobachtungen zur Gewißheit, daß nämlich im ersten Rechenunterricht oft noch viel zu mechanisch mit den Zahlwörtern gezählt wurde. Vorstellungen kleinerer Zahlen haften bekanntlich an Gegenständen, wenigstens bei Kindern, und darum legte ich von nun an meinem Unterricht vier zu diesem Zwecke besonders ausgewählte Gegenstände zugrunde, die durch ihre Form gleichsam dem Kinde, ohne daß es ihm zum Bewußtsein kam, das Bild einer bestimmten Zahl darstellten, und das tat ich hauptsächlich deshalb ...*"[5] Die von Rektor Horrix benutzten Gegenstände sind ein Ball, eine Hantel, ein Winkel mit je einem Loch im Scheitel und an den Enden der Schenkel, wie er zum Befestigen zweier aufeinandergesetzter Hölzer dient, und ein vierräderiger Wagen, der auf die Seite gelegt wird, damit alle vier Räder den Schülern sichtbar sind. Die Bezeichnungen Ball, Hantel, Winkel, Wagen für die Zahlen von 1 bis 4 werden auch noch lange Zeit beibehalten, wenn an Stelle der vier wirklichen Gegenstände, die vom Lehrer aus Holzkugeln und Messingstäben, von den Schülern aus Tonkugeln und Holzstäbchen aufgebauten Zahlbilder treten, die ja noch eine gewisse Ähnlichkeit mit den ursprünglichen Dingen haben, und es kommt dann zu Rechenaufgaben wie: „Hantel ist Ball und Ball", „Winkel dabei Ball ist Wagen", „Winkel weg Ball ist Hantel".

---

[1] Horrix, „Anschaulicher Rechenunterricht in der Hilfsschule", Halle a. d. S., 1919, S. 11 f.

ACHTES KAPITEL

RECHENUNTERRICHT, ZAHLEN IN ERZÄHLUNGEN, SPRICHWÖRTERN, RÄTSELN UND SPIELEN

Die Urteile über den Erfolg des Rechenunterrichts bei Naturvölkern gehen weit auseinander und sind zu einem guten Teil ungünstig.

Der Jesuitenpater Dobritzhofer schrieb von den Indianern Paraguays: *„Da aber das Zählen sowohl im gemeinen Leben von vielfältigem Nutzen, im Beichtstuhl aber, um eine vollständige Beichte abzulegen, schlechterdings unentbehrlich ist, so wurden die Indianer bei dem öffentlichen katechetischen Unterricht in der Kirche täglich auf spanisch zählen gelehrt. An Sonntagen pflegte das ganze Volk mit lauter Stimme spanisch zu zählen. Allein wir wuschen an einem Mohren. Die meisten lernten eher die Musik, die Malerei und die Bildhauerei als die Zahlenlehre.“*[1]

Der Missionar Jellinghaus schreibt von den Munda-Kolh[2] in Indien, sie rechneten nicht gern. In der Schule zeigten auch die Knaben, welche sonst für alles sehr befähigt waren, zum Rechnen weniger Anlage und Lust. Der Missionar Endemann sagt von den Sotho[3] in Südafrika, am schwersten sei der Rechenunterricht, für den sie die wenigste Begabung zeigten. Dagegen habe er bei drei jungen Sotho seine Freude am Sprachunterricht im Deutschen, am Unterricht in Geographie, Violine und Harmoniumspiel gehabt, einer lernte sogar aus freien Stücken Latein. Etwas anders klingt schon, was der Abbé Borghero[4] aus Dahome in den „Annales de la propagation de la foi“ vom März 1865 berichtet. Er schreibt: *„Ein Schwarzer begreift schneller und leichter ein Rechenexempel als ein Weißer; sobald es sich aber darum handelt, diese Operation auf etwas anderes als bloße Zahlen anzuwenden, wenn er beobachten und mit Hilfe dieser arithmetischen Operation räsonnieren, daraus Schlüsse ziehen und davon eine Anwendung machen soll, dann weiß er sich nicht zu helfen.“*

Ein sehr günstiges Urteil fällt der Missionar Ellis[5] mit Bezug auf die Eingeborenen von Tahiti in Polynesien: *„The natives of most of the islands, adults and children appear remarkably fond of figures and calculations and receive the elements of arithmetic with great facility and delight.“*

Derartige Berichte haben zum Teil eine ganz verdächtige Ähnlichkeit mit den Berichten, die bis vor wenigen Jahren noch allgemein verbreitet waren bezüglich des mathematischen Unterrichts in unseren höheren

---

[1] Dobritzhofer, S. 205.   [2] Jellinghaus, S. 174.   [3] Endemann II, S. 44.
[4] Andrée III, S. 96.   [5] Ellis, II. S. 424.

Schulen, deren Grundlagen man aber jetzt immer mehr geneigt ist, auf verfehlte Unterrichtsmethoden zurückzuführen. Jedenfalls kann aus den ungünstigen Berichten kein allgemein gültiger Schluß auf schlechte Veranlagung im Rechnen im Vergleich zu uns ohne weiteres gezogen werden. Die Rechenlehrer der Naturvölker, Missionare oder manchmal gar ausgediente Unteroffiziere, verfügen bei allem guten Willen und bei aller sonstigen Tüchtigkeit doch meistens nicht über die spezielle didaktische Ausbildung, die wir den Lehrern unserer Kinder mitgeben. Sehr oft werden auch die bei uns gebräuchlichen und nötigen Anschauungsmittel (vgl. S. 10) fehlen.

Daß es aber auf die Wahl der Anschauungsmittel und auf die Art der Veranschaulichung sehr ankommt, erfuhr ein Jesuitenpater, der einem amerikanischen Negersklaven davon sprach, Engel gebe es ohne Zahl, Millionen über Millionen, soviel wie Sterne am Himmel, wie Blätter auf den Bäumen, wie der Sand am Meer, was alles auf den Neger nicht den geringsten Eindruck machte. Überaus erstaunt aber war dieser, als dann der Missionar erklärte, Engel gebe es mehr als Maiskörner in einer Fanega.[1] Die Fanega ist ein spanisch-amerikanisches Getreidemaß von 60 Litern, mit dem der Sklave fast täglich umging.

Handelt es sich um Kinder, die unterrichtet werden, so wird jedenfalls niemals eine so lange Reihe von Jahren wie bei uns in methodischer Weise auf das Beibringen des Rechnens verwandt. Schließlich fehlt das „Milieu“, in dem unsere Kinder stehen, das sie doch außerhalb der Schule schon so viel mit Zahlen in Berührung bringt und vor allem das ach so oft nachhelfende Elternhaus. Handelt es sich um Erwachsene, die unterrichtet werden, so ist zunächst auf das früher über Hemmnisse Gesagte (vgl. Kap. 1) hinzuweisen, dann aber darauf, daß nach Erfahrungen, die man an unseren Volkshochschulen machen kann, auch einem großen Teil der Erwachsenen unseres einfachen Volkes, trotzdem sie in der Jugend eine lange Schulung durchgemacht haben und über volle Einsicht in die Lebensnotwendigkeit der Rechenkunst verfügen, das Logische daran doch manchmal recht schwer eingeht.

Es gibt übrigens auch Naturvölker, die, unbeeinflußt von Pestalozzi und Herbart, von sich aus methodischen Rechenunterricht erteilen. Merker spricht bei den Masai[2] davon. Im Journal of the American Oriental Society, Vol. I, schrieb nach Pott vor bald 100 Jahren Crowther von den Yorubanegern[3] in Westafrika: *„Da die Eingeborenen viel mit dem Zusammenrechnen von Kauris zu tun haben, fangen sie früh damit an, ihre Kinder im Zählen zu üben. Sie haben keine andere Lehrmethode als mittels oft wiederholter Übung im Zählen von Kauris oder Steinen, und es ist erstaunlich, wie sehr früh kleine Knaben und Mädchen eine große Zahl von*

---

[1] Pott I, S. 88.　　　[2] Merker, S. 152.　　　[3] Pott II, S. 90f.

Kauris ausrechnen können. Sie beginnen zuerst damit, einzeln zu zählen, bei erlangter Fähigkeit hierin aber fangen sie mit Paaren und dann zu Fünfen an." Marcoy berichtete schon 1865 von den Antis- oder Campasindianern[1] im Innern von Südamerika: *,,Das Kind wächst auf, wie es den Göttern gefällt. Mit dem fünften Jahr lernt es schwimmen und Pfeile schießen, es kann aber auch bis 5 zählen.*"

Die Tatsache, daß wir bei so vielen Naturvölkern Zahlen in Erzählungen, Sprichwörtern, Rätseln und Spielen finden, beweist auch, daß ihnen Vorstellungen kleinerer bestimmter Mengen, wenigstens wenn sie an gewisse konkrete Dinge gebunden sind, nicht so schwer fallen, wie das mitunter geschildert wird. In den Märchen der so niedrigstehenden Bakairi[2] kommen nach von den Steinen die Zahlen 2, 3 und selbst 5 vor. Allerdings ist die Ausdrucksweise bei 5 sehr vorsichtig. Da, wo der Bakairi z. B. in dem Märchen ,,Die Eltern von Keri und Kame"[3], über das Fällen von 5 Bäumen berichtet, erzählt er wie folgt: ,,Er fällte zwei Pikibäume. Er fällte wieder zwei ebenso. Er fällte einen." Und wo er erzählt, wie die Bäume nach Hause gebracht und gegen einen Mörser gestellt wurden, heißt es: ,,Er stellte zwei an den Mörser, er stellte ebenso die anderen an den Mörser, der einzelne kam an den Mörser." Die Sache ist aber hier, wie von den Steinen angibt, deswegen nicht so schlimm, weil es sich um Bäume verschiedener Art handelte. Die Ainos[4] haben eine Mythe, in der ein Mädchen den Mann im Mond heiratet und zwei Kinder davon hat. Bei den Lilluetindianern[5] steigen drei Froschschwestern zum Haus des Mondes auf. Eine springt ihm ins Gesicht, wodurch die Mondflecken veranlaßt werden. Bei den Blackfeetindianern[6] hat der Mann im Mond einen Sohn. Die Sonne gab diesem, als er 7 Jahre alt war, den Namen ,,alter Mann". Die Korjäken[6] erzählen von dem großen Raben, der 7 Söhne und 5 Töchter hat. In der auf den Neuhebriden[7] verbreiteten Mythe vom kleinen Takaro und von seiner Großmutter verlangt diese von ihrem Enkel da, wo er auf einen Mandelbaum gestiegen ist, um Früchte zu pflücken, für sich hintereinander eine, zwei, drei, fünf und schließlich zehn Früchte. Parker gibt als Illustration dazu, daß die Wedda[8] wohl zählen und rechnen können, eine von einem Wedda singhalesisch erzählte Geschichte an. Es kommen darin die Zahlen 5, 10, 25 sowie die Addition $10 + 10 + 10$ und die Ergänzung $25 + ?$ ist 30 vor. In den Fabeln der zwischen dem ersten und zweiten Grad nördlicher Breite in Afrika wohnenden Bangba[9] (Babeo, Bangelima) finden sich Zahlen bis in die Hunderter hinein. In der Erzählung vom Wettrunk zwischen Elefant und Waldmaus, in der die Waldmaus den Elefant ähnlich besiegt wie bei uns der Swinegel den

---

[1] Marcoy, Gl. Bd. 8, S. 15. [2] von den Steinen I, S. 361, 408, 409. [3] von den Steinen I, S. 372f. [4] Kunike, S. 45. [5] Kunike, S. 29f. [6] Kunike, S. 38f. [7] Suas, S. 42. [8] Parker, S. 87, 88. [9] Schultz, S. 386f.

Hasen — es tritt immer wieder eine andere Waldmaus an ihre Stelle, ohne daß der Elefant es merkt —, kommt z. B. die Zahl 100 in der Form 5 × 20 vor. — Selbst in Sprichwörtern finden wir bei Naturvölkern Zahlen. Die Eweneger[1], denen die 3 heilig ist, sagen „Drei ist das Leben". Ferner sagen sie, um auszudrücken, daß jemand im Leben keinen vollen Erfolg gehabt hat: „Er erreichte nicht zehn, er blieb bei neun."[2] Bei den Yorubanegern[3], deren geistige Veranlagung nach Johannes Ranke geradezu hervorragend erscheint, konnte schon vor 100 Jahren niemand ärger getadelt werden, als wenn man ihm die Bemerkung machte: „Bei all deiner Geschicklichkeit und Schlauheit weißt du nicht einmal, wieviel 9 × 9 ist."[4]

Zahlenrätsel werden aus der Südsee und aus Afrika berichtet. Von Samoa[5] stammen z. B. folgende: Ein langes Haus mit einem Pfosten, aber zwei Toren? Antwort: Die Nase. Vier Brüder, die immer ihren Vater herumtragen? Antwort: Die vier Füße, die den zur Stütze der Hütte dienenden Bambuspfeiler tragen und der Bambuspfeiler selbst. Vier Brüder, zwei streiten miteinander, die übrigen zwei vermitteln? Antwort: Die vier Wände des Hauses. Zwanzig Brüder, jeder hat einen Hut auf? Antwort: Die Finger und Zehen, die Nägel sind die Hüte. Zahlenrätsel aus Hawaii[6] sind: Drei Wälle und du kommst zum Wasser? Antwort: Die Kokosnuß. Acht Balken, ein Pfosten, mein Haus ist fertig? Antwort: Der Regenschirm. Mein doppelter Kahn hat zehn Spitzen. Antwort: Die Füße mit den Zehen. Von den Basuto[7] in Südafrika wird das Zahlenrätsel berichtet: Nenne die zehn Bäume, auf deren Spitzen zehn flache Felsen angebracht sind. Antwort: Die Finger, die am Ende die Nägel haben.

Die kleinen braunen Kinder von Hawaii[8] benutzten bei ihren Spielen einen Abzählvers, der ganz denselben Sinn hatte wie unser „Eins, zwei, drei und du bist frei". Ein anderer[9] ihrer Abzählverse, der aber vielleicht mit einem ähnlich klingenden englischen aus den Vereinigten Staaten zusammenhängt, hieß:

Mo-ke mo-ke a-la pi-a
Wieviel mo-ke a-la pi-a
1, 2, 3, 4, au-ka hi-a.

Gezählt, und zwar manchmal bis in die Zehner hinein wird bei einem Spiel der Mädchen auf Yap, bei Knaben- und Mädchenspielen auf Samoa[10] und auf der Neulauenburggruppe, bei Jugendspielen auf den Fidschiinseln[11] und bei Spielen der Kinder auf Madagaskar.[12] — Manche Sportspiele auf Nauru[13] in Ozeanien bedingen flottes Zählen oder Rechnen mit Zahlen wenigstens bis 100. Unter den wilden Indianerstämmen des Gran Chako[14] sind noch jetzt Zahlenspiele im Gebrauch, die aus der Zeit der

---

[1] Westermann I, S. 127. [2] Westermann I, S. 127. [3] Ranke, S. 242.
[4] Pott II, S. 91. [5] Brown, S. 343. [6] Beckwith, S. 311 ff. [7] Pott I, S. 299.
[8] Culin II, S. 232. [9] Culin II, S. 232. [10] Heider, S. 15 f. [11] Rougier, S. 479.
[12] Camboué, S. 679. [13] Kayser II, S. 681 f. [14] Erland Nordenskiöld II, S. 168.

Inka herrühren. In Kalifornien[1] wurde bei vielen Stämmen gerade oder ungerade über einen Haufen Stäbe geraten. Bei den Pomo[5] riet man den Rest, den ein Haufen Stäbe ergab, wenn man ihn in Vierergruppen teilte. Ein ähnliches Spiel fand sich auf den Philippinen.[2] Die Maori[3] auf Neuseeland spielten mit größter Begeisterung ein dem englischen „draughts" ähnliches Spiel. In jedem Haus war es zu finden, selbst in Kanoes, und in den Sand der Seeküste wurde es gezeichnet. Auch auf Hawaii[4] war es verbreitet. Bei dem Spiel „Ki-o-la-o-la-la-au" auf Hawaii[5] wurden zwei Stöckchen benutzt, von denen man das eine, die Katze, etwa 10 cm lang, so legte, daß seine Enden sich auf die Ränder eines kleinen Loches stützten, das in den Boden gebohrt war. Das Schlägerstöckchen war länger. Die Katze wurde dadurch geworfen, daß man das Ende des Schlägers darunter schob und sie dann in die Höhe schnellte. Die Entfernung, in der sie niederfiel, wurde mit dem Schläger gemessen, und derjenige, der so zuerst die Zahl 100 erreichte, war der Gewinner. „O le tilinga matua" auf Samoa[6] beginnt damit, daß zwei Personen sich einander gegenübersetzen. Die eine hält der anderen die Faust hin, zeigt unerwartet einen kurzen Augenblick eine bestimmte Anzahl der Finger und verbirgt darauf sofort die Hand. Die andere Person muß schnellstens die gleiche Anzahl Finger zeigen. Kann sie das nicht, so verliert sie einen Punkt im Spiel. Bei dem Spiel „Ti" der Maori[7] zählte eine Gruppe von Personen im Gleichklang an den Fingern. Es rief jemand eine Zahl dazwischen, und es mußte dann sofort der auf diese Zahl fallende Finger berührt werden. Ein Irrtum war geeignet, den Betreffenden lächerlich zu machen.

Während die beschriebenen Zahlenspiele noch verhältnismäßig harmlos sind und manchen Spielen unserer Kinder in den ersten Schuljahren ähneln, finden wir bei Naturvölkern auch Spiele, die schon recht hohe Anforderungen an das mathematische Verständnis stellen.

Da ist zunächst das Brettspiel Mankala[8], das in allen möglichen Variationen von Senegambien über fast ganz Afrika, Arabien, Südasien und die Philippinen bis weit in die Südsee hinein verbreitet ist und von den Negern auch nach Westindien hinübergetragen wurde.

John Lawson beschrieb im 18. Jahrhundert ein Zahlenspiel der Congaree-Indianer[9], eines Siouxstammes aus Nordkarolina mit folgenden Worten: *„Their chiefest game is a sort of arithmetic, which is managed by a parcel of small split reeds, the thickness of a small bent; these are made very nicely so that they part and are tractable in their hands. They are 51 in number, their length about 7 inches, when they play, they throw part of them to their antagonist the cut is to discover upon sight, how many you*

[1] Kroeber, S. 276, 277.   [2] Culin III, S. 643f.   [3] Pollack II, S. 171.
[4] Best, S. 15.   [5] Culin II, S. 230.   [6] Culin II, S. 231.   [7] Culin II, S. 231.
[8] Parker, S. 587ff.; Müller, S. 204; Culin IV.   [9] Culin I, S. 258.

*have and what you throw to him that plays with you. Some are so expert
at their numbers, that they will tell ten times together what they throw out of
their hands. Although the whole play is carried on with the quickest motion
it is possible to use, yet some are so expert at this game as to win great Indian
estates by this play. A good set of these reedes, fit to play withal, are valued
and sold for a dressed doeskin.*"

Bei dem Spiel „Mayo be vendu" der Bororo Fulbe[1] und Hausa[2] in
Afrika wird ein Kreuz in den Sand gezeichnet. Um das Zentrum des
Kreuzes werden zwölf Löcher in ungefähr gleichem Abstand voneinander
so angeordnet, daß sie auf der Peripherie eines Kreises liegen und in jeden
Quadranten drei fallen. In jedes der runden Löcher legt man drei Steine.
Zwei Spieler sind da. Der eine dreht der Figur den Rücken und gibt dann
Anordnungen, wie der andere die Steine in den Löchern verschieben soll.
Seine Aufgabe ist also, sich immer wieder im Geist vorzustellen, welche
Verteilung der 36 Steine in den Löchern auf Grund seiner Anweisungen
erreicht ist. Vertut er sich dabei und gibt etwa den Auftrag, aus einem
Loch, in dem kein Stein mehr liegt, einen solchen zu entfernen, so hat er
das Spiel verloren. Ein ähnliches Spiel findet sich bei den Tonganegern.[2]

Wertheimer beschreibt nach einer mündlichen Mitteilung Tessmanns
ein Spiel der Pangweneger.[3] Unter lautem Nachzählen werden dabei etwa
30 Kugeln ziemlich schnell hintereinander zunächst einzeln von dem Aufgeber in einen nicht zu großen Raum hineingeworfen. Der Aufgeber wirft
sie aber nicht alle einzeln, sondern, wenn er bis zu einer gewissen Zahl,
die er vorher nicht angibt, gekommen ist, so wirft er den Rest auf einmal
dazwischen. Nun zeigt er auf eine vorher bestimmte, etwa die vierzehnte,
und der „Ratende" muß angeben, die wievielte Kugel es ist. Um sicher
zu gehen, hat der Aufgeber vor Beginn des Spiels noch eine dritte Person
darüber unterrichtet, auf die wievielte Kugel er zeigen wird. Wertheimer
macht darauf aufmerksam, daß verhältnismäßig sehr schnell geworfen
und gezählt wird, daß die Kugeln durcheinander rollen und daß durch
plötzliches Hineinwerfen aller übrigen Kugeln die Auffassung des Gesamt-
bildes erst recht erschwert wird. Die Eingeborenen „raten" besser als die
Europäer, und selbst fünfjährige Kinder „raten" entweder sofort oder beim
zweiten oder dritten Mal gut. Es handelt sich natürlich hier nicht um ein
„Raten" ohne irgendwelche Anhaltspunkte für das Richtige, sondern
ebenso wie bei den Spielen der Congaree, Bororo-Fulbe, Hausa und Tonga
um die mehr oder weniger große, durch Übung auf dem Grund einer Veranlagung verstärkte Fähigkeit, einen visuell anschaulichen Komplex von
ziemlich verwickeltem Aufbau bei seinem schnellen Entstehen mit allen
Einzelheiten innerlich festzuhalten.

---

[1] Brackenbury, S. 272.   [2] Schmidl, S. 197.   [3] Wertheimer, S. 377 f.

ZUSAMMENFASSUNG

Die neueren Psychologen, wie z. B. Katz und Meumann, lehnen mit Recht die Anschauung ab, als könne ohne weiteres ein Unterrichtsgang im Rechnen empfohlen werden, der die Parallelität zwischen der Entwicklung des Kindes und der Stammesentwicklung als Leitfaden nimmt. Es ist aber jedenfalls, wenn das kulturhistorische Studium bei Völkern, die in der Rechenkunst auf niedrigerer Entwicklungsstufe stehengeblieben sind als wir, gewisse Eigenheiten aufweist, die Frage berechtigt, ob diese Eigenheiten sich auch bei unsern Kindern finden und dementsprechend im Unterricht Berücksichtigung verlangen, gegebenenfalls, warum sie sich nicht vorfinden bzw. keine Berücksichtigung verlangen. Auf diese Weise kann dann das kulturhistorische Studium zur Förderung der Didaktik des Rechnens beitragen. Daß diese Ansicht berechtigt ist, ergibt sich aus folgenden Feststellungen:

1. Meumann bezeichnet im dritten Band seiner „Experimentellen Pädagogik" auf Seite 664 die Abneigung mancher Methodiker gegen das Fingerrechnen als ganz grundlos und bezeichnet die Finger als das natürlichste und beste Veranschaulichungsmittel, das alle von ihm erwähnten Vorteile eines guten Anschauungsmittels besitze. Unsere Untersuchung hat die Rolle des Fingerrechnens auf niedriger Entwicklungsstufe der Arithmetik als so überwältigend erwiesen, daß der Didaktiker an dieser Tatsache nicht gedankenlos vorübergehen kann.

2. Katz schreibt auf Seite 22 seines Werkes „Psychologie und mathematischer Unterricht", ausgeprägter Charakter des einzelnen Zahlbildes sei erwünscht, damit jedes derselben möglichst seinem unmittelbaren Eindruck nach das zugehörige Zahlwort und die entsprechende Zahlfertigkeit reproduziert. Unsere Untersuchung hat ergeben, daß bei den in der Rechenkunst auf niedriger Stufe stehengebliebenen Völkern wenigstens die mit den Fingern hergestellten Zahlbilder einen ausgeprägten Charakter haben, und zwar so sehr, daß eine geringe Abweichung davon die Reproduktionen des Zahlworts und der Zahlvorstellung manchmal überhaupt nicht mehr herbeiführt. Auch diese Tatsache können die Didaktiker nicht unbeachtet lassen, wenn sie überlegen, welche Methode der Verwendung der Finger wohl die geeignetste ist.

3. Bezüglich des Kampfes zwischen Zählern und Anschauern stellt Katz fest, „daß beide Extreme der Didaktik des Rechenunterrichts verfehlt sind und daß die Vertreter der einen wie der anderen Richtung sich selbst täuschen, wenn sie glauben, daß sie wirklich nur das von ihnen theoretisch vertretene Prinzip der Zahlgewinnung beim Unterricht anwenden." Meumann schreibt beide Methoden seien einseitig und müßten sich ergänzen. Unsere Untersuchung ergibt, daß auf tiefen Stufen der Rechenkunst sich sowohl die Gruppe wie die Reihe finden kann, daß in der überwiegenden Mehrheit der Fälle allerdings die Gruppe das erste zu sein scheint, daß aber beide Verfahren, Gruppenbildung und Reihung, bei höherer Entwicklung ineinander greifen.

4. Die Psychologie stellt fest, daß das erste Zahlwort, welches von seiten der Kinder sinnvoll angewandt wird, nicht die 1 ist, sondern die 2. Auch unsere Untersuchung hat ergeben, daß die 1 in der kulturgeschichtlichen Entwicklung des Rechnens nicht das erste sinnvoll angewandte Zahlwort ist.

5. Die Psychologie weist nach, daß die Vorstellungen, die die Entwicklung der Begriffe der Ordinal- und Kardinalzahl herbeiführen, beim Kinde gleichzeitig sich bilden. Unsere Untersuchung hat ergeben, daß es auf der Erde eine ganze Anzahl von Völkern gibt, die in der Rechenkunst auf niedrigerer Stufe als wir stehen, bei denen aber die Ansätze sowohl zur Ordinalzahl wie zur Kardinalzahl nebeneinander hergehen und sinnvoll auseinander gehalten werden.

6. Die Psychologie lehrt, daß die Zahlentwicklung bei den Kindern im engsten Anschluß an die Anschauung geschieht und daß selbständiges Arbeiten mit Zahlbegriffen erst sehr spät, nach Voigt erst nach Eintritt der Pubertät, möglich ist. Unsere Untersuchung zeigt, daß auch bei den auf niedrigerer Rechenstufe stehenden Völkern die Zahl nicht die abstrakte ist, daß das Zahlwort nur in enger Verbindung mit den Dingen, oft mit ganz bestimmten, einen Sinn hat und sich nur sehr allmählich und schwer, meist überhaupt nicht ganz, davon löst.

7. Die Psychologie vertritt die von der mathematischen Reformbewegung und der Arbeitsschulbewegung gestellte Forderung, der mathematische Kinderunterricht müsse seinen Ausgang von praktischen Anwendungen nehmen und dürfe nur in enger Verbindung damit durchgeführt werden. Unsere Untersuchung ergibt, daß überall, wo bei Naturvölkern eine nachweisbare Weiterentwicklung der Rechenkunst stattgefunden hat, diese in engster Verbindung mit dem praktischen Leben der Völker geschah und daß Versuche, auf mehr theoretischem Weg eine derartige Entwicklung herbeizuführen, mißglückten.

8. Die Psychologie lehrt, daß die geistige Höherentwicklung von der sinnlichen Vorstellung zum Begriff geht. Auch aus unserer Untersuchung

ergibt sich, daß das, was in der kulturgeschichtlichen Entwicklung der Rechenkunst als Höherentwicklung zu betrachten ist, in der Richtung auf den abstrakten Zahlbegriff verläuft, eine Tatsache, die deswegen zu denken geben kann, weil in der neuesten Rechenmethodik eine Tendenz besteht, die Zahlenwelt im Geist des Kindes durch alle acht Schuljahre hindurch in Verbindung mit der Sinnlichkeit nicht nur zu entwickeln, sondern auch in dieser Verbindung bewußt festzuhalten, und weil man dieses letztere Bestreben stellenweise sogar als einen besonders großen Fortschritt der neuzeitlichen Rechenmethodik ausrufen möchte.

VERZEICHNIS DER BENUTZTEN LITERATUR

ZEITSCHRIFTEN UND SONSTIGE FORTLAUFENDE VERÖFFENT-
LICHUNGEN

Abkürzungen.

A. = Anthropos.

A. A. = American Anthropologist.

A. B. W. = Abhandlungen der Berliner Akademie der Wissenschaften.

A. f. A. = Archiv für Anthropologie.

A. R. = Annual Report of the American Bureau of Ethnology.

A. S. W. = Abhandlungen der Sächsischen Akademie der Wissenschaften.

B. e. M. = Bulletins et Mémoires de la Société d'Anthropologie de Paris.

B. M. = Bibliotheca Mathematica.

B. S. B. = Bulletin de la Société Royale Belge de Géographie.

C. J. = Crelles Journal für reine und angewandte Mathematik.

E. = Ethnologika.

Gl. = Globus.

I. A. f. E. = Internationales Archiv für Ethnographie.

I. A. I. = The Journal of the Anthropological Institute of Great-Britain and Ireland.

I. Afr. S. = Journal of the Royal African Society.

I. As. S. = Journal of the Royal Asiatic Society.

I. D. M. G. = Jahresbericht der deutschen morgenländischen Gesellschaft.

I. P. S. = The Journal of the Polynesian Society.

I. S. B. = Journal of the Anthropological Society of Bombay.

L. A. = L'Anthropologie.

L. E. = L'Ethnographie.

M. = Man.

M. A. W. = Mitteilungen der Anthropologischen Gesellschaft in Wien.

M. D. S. = Mitteilungen aus den deutschen Schutzgebieten.

M. S. L. = Mémoires de la Société de Linguistique, Paris.

N. G. W. G. = Nachrichten von der königlichen Gesellschaft der Wissenschaften zu
Göttingen.

P. S. L. = The Philippine Journal of Science.

R. U. M. = Report of the United-States National Museum.

S. K. W. = Sitzungsberichte der k. Akademie der Wissenschaften.

V. B. G. = Verhandlungen der Berliner Gesellschaft für Anthropologie, Ethnologie
und Urgeschichte.

W. Z. M. = Wiener Zeitschrift für die Kunde des Morgenlandes.

Z. a. o. S. = Zeitschrift für afrikanische und ozeanische Sprachen.

Z. Ang. Ps. = Zeitschrift für angewandte Psychologie und psychologische Sammel-
forschung.

Z. D. M. G. = Zeitschrift der deutschen morgenländischen Gesellschaft.

Z. f. E. = Zeitschrift für Ethnologie.

Z. f. E. S. = Zeitschrift für Eingeborenensprachen.

Z. Ps. = Zeitschrift für Psychologie und Physiologie der Sinnesorgane.

Z. V. S. = Zeitschrift für Völkerpsychologie und Sprachwissenschaft.

EINZELARBEITEN

Amerlan: Die Indianer des Gran Chako, Gl. Bd. 42, 1882.

Andrée I: Ein Zahltag bei den Indianern in Wiskonsin, Gl. 1862.

Andrée II: Die Ranquelesindianer, Gl. Bd. 25, 1874.

Andrée III: Wie verhält es sich mit der Entwicklungsfähigkeit der Negerkinder? Gl. 1865, Bd. 8.

P. Antonio Maria, O. P.: Essai de grammaire kaiapo etc., A. 1914.

Barth: Zur Flexion der semitischen Zahlwörter, Z. D. M. G., Bd. 56.

Bastian: Ethnologie und vergleichende Linguistik, Z. f. E., 1872 Bd. 4.

Bartlett: The Language of the Piro, A. A. 1909.

Beckwith, Martha: Hawaiian Riddling, A. A. 1922.

Behrmann: Im Flußgebiet des Sepik, 1921.

Bernier: Dialects of New Caledonia, A. A. 1899.

Best: Notes on a Peculiar Game resembling Draughts, played by the Maori Folk of New Zealand, M. 1917.

Bird, W. H.: Ethnographical Notes about the Buccaneer Islanders, A. 1911.

P. Bley: Grundzüge der Grammatik der Neupommerschen Sprache an der Nord-küste der Gazellehalbinsel, Z. a. o. S. 1897.

Boas, Franz I: Notes on the Chemakum Language, A. A. 1892.

Boas, Franz II: Notes on the Chatino Language of Mexiko, A. A. 1913.

Boas, Franz: Die Sprache der Bella Coola Indianer, V. B. G. 1886, Bd. 18.

Bolinder: Einiges über die Motilonenindianer, Z. f. E. 1917.

Brackenbury: Notes on the Bororo Fulbe or Nomad „Cattle Fulani", I. Afr. S. 1923/1924.

Brandeis: Ethnographische Beobachtungen über die Nauru-Insulaner, Gl. 1907.

von Brandt: Die Ainos, V. B. G. 1872.

van den Broek (Utrecht): Über Pygmäen in Niederländisch Süd-Neuguinea, Z. f. E. Bd. 45, 1913.

Brown, G.: Melanesians and Polynesians, London 1910.

Brown, M. A.: Notes on the Languages of the Andaman Islands, A. 1914.

Buschan: Illustrierte Völkerkunde, I. Bd. 1922, II. Bd. 1923, III. Bd. 1926, Stutt-gart, Strecker & Schröder.

Büttikofer: Das Zahlensystem der Vey.

Cambou, Paul: Jeux des Enfants Malgaches, A. 1911.

Cappus: Contes, Chants et Proverbes des Basumbwa dans l'Afrique Occidentale, Z. a. o. S. 1897.

von Chamisso, Adalbert: Die Sprache von Hawaii, A. B. W. 1837.

Codrington: Melanesian Languages, zitiert nach Lévy-Bruhl.

Condon, Fr. M. A.: Contribution to the Ethnography of the Basoga-Batamba, A. 1911.

Culin, Stewart I: Games of the North-American Indians, A. R. 24, 1902/1903.

Culin, Stewart II: Hawaiian Games, A. A. 1899.

Culin, Stewart III: Philippine Games, A. A. 1900.

Culin, Stewart IV: Mankala, the National Game of Africa, R. U. M. 1893/1894.

Cushing: Manual Concepts, A. A. 1892.

Dempwolff: Über aussterbende Völker (Die Eingeborenen der westlichen Inseln in Deutsch-Neuguinea), Z. f. E. 1904.

Dennett, R. E.: How the Yoruba count, I. Afr. S. 1916/1917, 1917/1918.

Detzner: Vier Jahre unter Kannibalen. 1923.

Dixon and Kroeber: Numeral Systems of California, A. A. 1907, Bd. 9.

Dobritzhofer: Geschichte der Abiponen I, II, Wien 1783.

Eells W. C.: On formation and use of numerals in Indian languages of North America, B. M. 1913.

Ehrenreich, Paul, I.: Über die Botokudos der brasilianischen Provinzen Espirito santo und Minas geraes, Z. f. E. 1887.

Ehrenreich, Paul II: Materialien zur Sprachenkunde Brasiliens, Z. f. E. 1894, 1897.

Eisenstädter: Elementargedanke und Übertragungstheorie, Stuttgart 1912.

Ellis, W.: Polynesian Researches, 2 Bände, London 1830.

Endemann I: Versuch einer Grammatik des Basuto, Berlin 1878.

Endemann II: Mitteilungen über die Sothoneger, Z. f. E. 1874.

Erman, A.: Ethnographische Wahrnehmungen und Erfahrungen an den Küsten des Beringsmeeres, Z. f. E., 1871, Bd. 3.

Ernst, A. I: Über die Reste der Ureinwohner in den Gebirgen von Merida, Z. f. E. 1885.

Ernst, A.: Die ethnographische Stellung der Guajiro-Indianer, V. B. G. 1887.

Fabry: Aus dem Leben der Wapogoro, Gl. 1907.

Friederici, G. I: Untersuchungen über eine melanesische Wanderstraße, M. D. S., 1913, Ergänzungsheft 7.

Friederici, G. II: Beiträge zur Völker- und Sprachenkunde von Deutsch-Neu-guinea, M. D. S. 1912, Ergänzungsheft 5.

Frobenius, L.: Die Mathematik der Ozeanier, Berlin 1900.

von der Gabelentz: Die melanesischen Sprachen, A. S. W. 1879. Bd. 17.

Gatschet, A. S.: Grammatic Sketch of the Catawba Language. A. A. 1900.

Gauthiot, R.: A propos des dix premiers noms de nombre en sogdien buddhique, M. S. L. 17.

Goldschmidt, V.: Über Harmonie und Komplikation, Berlin 1901.

Graebner, F. I.: Völkerkunde der Santa-Cruz-Inseln, E. 1909.

Graebner, F. II: Das Weltbild der Primitiven, München 1924.

Graebner, F. III: Alt- und neuweltlicher Kalender, Z. f. E. 1920/1921.

Graebner, F. IV: Zur australischen Religionsgeschichte, Gl. Bd. 96, 1909.

Graebner, F. V: Thor und Maui, A. 1919/1920.

Grierson: Linguistic Survey of India, Bd. III, II.

Grimbel, A.: The Sun and Six, M. 1912.

Haddon: The west tribes of Torres-strait, J. A. J. XIV.

Hahn, Th.: Die Nama-Hottentotten, Gl. 1867, Bd. 12.

Harrington, J. P.: An Introductory Paper on the Tiwa Language, Dialect of Taos, New-Mexico, A. A. 1910.

Hartt: Geology and physical geography of Brazil, Boston, 1870.

Hasemann, J. D.: Some Notes on the Pawumwa Indians, A. A. 1912.

van Hasselt: Die Noeforezen, Z. f. E. 1876.

Heath: In Santa Ana am Rio Beni bei den Pakavara-Indianern, Gl. 1883 I.

Heath, G. R.: Notes on Miskuto Grammar and on other Indian Languages of Eastern Nicaragua, A. A. 1913.

Hees, P. F.: Ein Beitrag zu den Sagen und Erzählungen der Nakanai (Neupom-mern), A. 1915/1916.

Heider: Samoanische Kinderspiele, Z. f. E. S. 1920/1921.

Hodson, C.: (Notes on the) Numeral Systems of the Tibeto-Burman Dialects, J. As. S. 1913.

von Humboldt, A. I: Über die bei den verschiedenen Völkern üblichen Systeme von Zahlzeichen usw., C. J. 1829, Bd. 4.

von Humboldt, A. II: Reise in die Aequinoktialgegenden des neuen Kontinents. Museum, Bd. 19, 1827.

Hutter: Wanderungen und Forschungen im Nordhinterland von Kamerun, Braunschweig 1902.

Jellinghaus: Kurze Beschreibung der Sprache der Munda Kolhs, Z. f. E. 1873.

Joest: Ethnographisches und Verwandtes aus Guayana, Leiden, 1893.

Judd, A. S. I.: Native Education in the Northern Provinces of Nigeria, J. Afr. S. 1917/1918.

Judd, A. S. II: Notes on the Language of the Arago or Alago Tribe of Nigeria, I. Afr. S. 1923/1924.

Iwens, W. G.: Grammar of the Language of Sa'a, Malaita, Solomon Islands, A. 1911.

Karfunkel, M.: Bericht über die Sprache, welche die Chamies-Angaguedas-Murindoes ... Indianer sprechen, aus dem Spanischen übersetzt, Z. f. E. 1876.

Katz: Psychologie u. Mathem. Unterricht, Leipzig 1913.

P. Kayser, Al. I: Die Eingeborenen von Nauru (Südsee), A. 1917/1918.

P. Kayser, Al. II: Spiel und Sport auf Naoero, A. 1921/1922.

Khmer: La numération chez les Khmers ou Cambodgiens L'E. 1913/1914.

Klamroth: Afrikanische Brettspiele, A. f. A. 1911.

Knoche, W.: Einige Bemerkungen über die Uti-Krag am Rio Doce, Z. f. E. 1913.

Koch-Grünberg I: Betoya-Sprachen Nordwestbrasiliens, A. 1912, 1913, 1914, 1915/1916.

Koch-Grünberg II: Zwei Jahre unter den Indianern Nordwestbrasiliens.

Koch-Grünberg: Reise durch Nordbrasilien zum Orinoko, Z. f. E. 1913.

Koch-Grünberg-Hübner: Die Makuschi und Wapischana, Z. f. E. 1908.

von Königswald: Die Caraya-Indianer, Gl. Bd. 94, 1908.

de Kock, A. C.: Pygmäen in Niederländisch Neu-Guinea, Z. f. E. 1913.

P. Kok, P.: Ensayo de gramatica dayseje o Tokano, A. 1921/1922.

Kölle: Bemerkungen über Zahlenetymologie, N. G. W. G. 1866.

Kroeber: Games of California Indians, A. A. 1920.

Künstlinger, D.: Zur Syntax der Zahlwörter in den semitischen Sprachen, W. Z. M. 1898.

Kunike: Nordamerikanische Mondsagen, J. A. f. E. 1923.

Kupfer: Die Cayapos, Z. f. E. 1870.

Lagerkrantz, E.: Sprachlehre des Südlappischen nach der Mundart von Wefsen, Kristiania 1923.

Laufer, B.: Besprechung von „G. Maspero, Grammaire de la Langue Khmère (Cambodgien)", A. A. 1917.

Laufer, B.: Besprechung von R. Torii, Les Ainu des Iles Kouriles (Journal of the College of Science, Imperial University of Tokyo, Vol. LII, Tokyo 1919), A. A. 1919.

Lehmann: Ergebnisse einer Forschungsreise in Mittelamerika und Mexiko, 1907 bis 1909, Berlin 1910.

Lévy-Bruhl: Les fonctions mentales dans les sociétés inférieures, Paris 1910.

Lietzmann, W.: Stoff und Methode des Rechenunterrichts in Deutschland, Leipzig 1912.

Locke, Leland: The Ancient Quipu, The American Museum of Natural History, 1923.

Lortsch, Alfred: Neukaledonien, Gl. 1883, Bd. 2.

von Luschan: Völker, Rassen, Sprachen, Berlin 1922.

Maaß, Alfred I: Bei liebenswürdigen Wilden, 1902.

Maaß, Alfred II: Durch Zentralsumatra.
Mage: Auf dem Marktplatze in Yamina am oberen Niger, Gl. Bd. 12, 1867.
P. Mangin E.: Les Mossi, A. 1915/1916.
Mann, A.: Notes on the Numeral System of the Yoruba Nation, I. A. I. 1886.
Mansfeld: Urwalddokumente, Berlin 1908.
Marcoy: Ethnographische Schilderungen aus dem Gebiet des Amazonenstroms,
    Gl. Bd. 8, 1865; Bd. 9, 1866.
Mathews, R. H.: The Dhundhuroa Language of Victoria, A. A. 1909.
Mayntzhusen, F. C.: Die Sprache der Guayaki, Z. f. E. S., Bd. 10, 1920.
McGee, W. J. I: Primitive Numbers, A. R. 19, 1897/1898, Washington 1900.
McGee, W. J. II: The Seri Indians, A. R. 17.
McGee, W. J. III: The beginnings of Mathematics, A. A. 1899.
P. Meier, J.: Die Sprache der Moanußinsulaner, A. I.
Meillet, A.: Les noms de nombre en tokharien B, M. S. L. Bd. 17.
Meinhof: Untersuchung der Pygmäensprachen, Z. f. E. 1906.
Merker: Die Masai, Berlin 1904.
Meyer, A. B.: Über die Mafoorsche und einige andere Papuasprachen in Neu-
    guinea, S. k. W. phil. hist. Kl., Bd. 77.
Migeod: Supposed Duodecimal System in Burum Language, M. 1917.
Monteil, Ch.: Considérations Générales sur le nombre et la numération chez les
    Mandés, L'A. 1905.
Mooney, James: Calendar History of the Kiowa Indians A. R. 17.
Moszkowski, M. I: Die Völkerschaften von Ost- und Zentralsumatra, Z. f. E.,
    Bd. 40, 1908.
Moszkowski, M. II: Völkerstämme am Momberano in Holländisch Neuguinea und
    auf den vorgelagerten Inseln, Z. f. E. 1911.
Müller: Yap, 1907.
Br. Müller, H.: Erster Versuch einer Grammatik der Sulkasprache, A. 1915/1916.
Murray: Über Nilotische Sprachen, J. A. J. 1920.
Nelson, E. W.: The Eskimo about Bering strait, A. R. 18, 1896/1897.
Neuhaus: Deutsch Neuguinea.
Nic. Num: Nicobarese Numeration, A. A. 1898.
Nieuwenhuis: Die Veranlagung der malaiischen Völker des ostindischen Archi-
    pels, J. A. f. E., Bd. 23, 1916.
Nimuendaju, K.: Zur Sprache der Sipaia-Indianer, A. 1923/1924.
von Nordenskiöld, Adolf Erik: Die wissenschaftlichen Ergebnisse der Vega-
    expedition, Leipzig, Verlag Brockhaus.
von Nordenskiöld, Erland I: Forschungen und Abenteuer in Südamerika,
    Stuttgart 1924.
von Nordenskiöld, Erland II: Spieltische aus Peru und Ekuador, Z. f. E. 1918.
Oppert: Über die Entstehung der Aera Dionysia und den Ursprung der Null,
    V. B. G. 1900.
Ovir, E.: Märchen und Rätsel der Wamadschame, Z. a. o. S. 1897.
Parker, H.: Ancient Ceylon, London 1909.
Parkinson: Dreißig Jahre in der Südsee, Stuttgart 1907.
P. Paulinus: Besprechung von „Wilh. Müller, Yap". A. 1921/1922.
Payne: History of the New World called America, Bd. 2, Oxford 1899.
Peal, S. E.: On the „Morong" as possibly a relic of pre-marriage communism,
    J. A. J., Bd. 22, 1893.
Peal-Klemm: Ein Ausflug nach Banpara, Z. f. E., Bd. 30, 1898.
Petitot: Dictionnaire de la langue Dènè-Dindjié.

Pollack: Manners and Customs of the New Zealanders, 1840.
Portland: The languages of the South Andaman Tribes, J. A. J. XIX.
Pott, A. I: Die quinare und vigesimale Zählmethode bei Völkern aller Weltteile, Halle 1847.
Pott, A. II: Die Sprachenverschiedenheit in Europa, usw. Halle 1868.
Pott, A. III: Max Müller und die Kennzeichen der Sprachenverwandtschaft, Z. D. M., Bd. 9, 1855.
Praetorius, F.: Die Zählmethode in der äthiopischen Gruppe der hamitischen Sprachen, Z. D. M. 1870.
Preuß, K. Th.: Forschungsreise zu den Kagaba-Indianern usw. A. 1925.
Prince J. Dyneley: Prolegomena to the Study of San Blas Language of Panama, A. A. 1912.
Raffray: Raffrays Reise durch die Molukken und an der Nordküste von Neu-guinea 1876—1877, Gl. Bd. 36.
Ranke, J.: Besprechung von „Dennett, At the back of the black man's mind", A. f. A. 1911.
Ratzel: Völkerkunde, 2 Bände, Leipzig 1885-1886.
P. Rausch, J.: Die Sprache von Südost-Bougainville, A. 1912.
Ray, Sidney H. I: Reports of the Cambridge Anthropological Expedition to Torres Straits III, Cambridge 1907.
Ray, Sidney H. II: The people and language of Lifu, Loyalty Islands, J. A. J. 1917.
Ray, Sidney H. III: The languages of Western Division of Papua, J. A. J. 1923.
Ray, Sidney H. IV: The languages of Northern Papua, J. A. J. 1919.
Ray, Sidney H. V: The Polynesian Languages in Melanesia, A. 1919/1920.
Ray, Sidney H. VI: Polynesian Linguistics, J. P. S. 1912.
Rödiger: Über die im Orient gebräuchliche Fingersprache für den Ausdruck der Zahlen, J. D. M. G. 1845.
Ling-Roth: The Natives of Saravak and British North-Borneo I.
Roth, W. E.: An Introductory Study of the Arts, Crafts and Customs of the Guiana Indians, A. R. 38.
Rougier, E.: Danses et jeux aux Fijis (Iles de l'Océanie), A. 1911.
Sapir, E.: Notes on the Takelma Indians of Southwestern Oregon, A. A. 1907.
Scheerer, O.: On a quinary notation among the Ilongots of Northern Luzon, P. J. S. 1911.
Schmidl, M.: Zahl und Zählen in Afrika, M. A. W. 1915.
P. Schmidt, J.: Die Ethnographie der Norpapua bei Dallmannhafen, A. 1923/1924.
P. Schmidt, W. I: Die Gliederung der australischen Sprachen, A. 1912, 1913, 1917 bis 1918.
P. Schmidt, W. II: Die Stellung der Pygmäenvölker in der Geschichte der Menschheit, 1910.
Schreuder: Grammatik für Zulu-Sproget, Christiania, 1850.
P. Schultz, M.: Bangbafabeln und -erzählungen, A. 1923/1924.
Schweinfurth: Linguistische Ergebnisse einer Reise nach Zentralafrika, 1873.
Seligmann: The Veddas, Cambridge 1911.
Seminario, A. J.: Bemerkungen über den Stamm der Bora usw., Z. f. E. 1924.
Skottsberg, C.: Observations on the Natives of the Patagonian Channel Region, A. A. 1913.
Spieß, C.: Zeitrechnung bei den Evhe in Togo, Gl. Bd. 87, 1905.
von Spix und von Martius: Reise nach Brasilien.
Stefansson: The Eskimo Trade Jargon of Herschel Island, A. A. 1909.

von den Steinen, Carl I: Unter den Naturvölkern Zentralbrasiliens, Berlin 1894.
von den Steinen, Carl, II: Durch Zentralbrasilien, Leipzig 1886.
von den Steinen, Carl III: Proben einer früheren polynesischen Geheimsprache, Gl. 1905.
Steinthal I: Die Völker und Sprachen des Großen Ozeans, V. B. G. 1874.
Steinthal II: Die Zählmethode der Mandenganeger, Z. V. S. 1865.
Stephan: Beiträge zur Psychologie der Bewohner von Neupommern, Gl.1905, Bd.88.
Stephan und Graebner: Neumecklenburg, Berlin 1907.
Stern, William: Psychologie der frühen Kindheit, Leipzig 1921.
Strong: Note on the Language of Kabadi, Br. N. Guinea, A. 1912.
P. Strub: Essai d'une grammaire de la langue Kukuruku, A. 1915/1916.
Struck, B.: Die Fipassprache, A. 1911.
Struck, B. I: Besprechung von Marianne Schmidls „Zahl und Zählen in Afrika", Z. f. E. 1920/1921.
Struck, B. II: Über die Sprachen der Tatoga und Irakuleute, M. D. S., Ergänzungsheft 4, Berlin 1911.
Stuhlmann: Mit Emin Pascha ins Herz von Afrika, Berlin 1894.
Suas, Bt.: Mythes et Légendes des Indigènes des Nouvelles Hébrides, A. 1912.
Svoboda: Die Bewohner des Nikobarenarchipels, J. A. f. E. V. 1892.
Tauern I: Versuch einer Sakaigrammatik, A. 1914.
Tauern II: Ceram, Z. f. E. 1913.
Teschauer, S. J.: Die Kaingang- oder Koroadosindianer, A. 1914.
Thomas, Cyrus: Numeral Systems of Mexico and Central America, A. R. 19, 1897 bis 1898, Washington 1900.
Thomas, N. W. I: A Duodecimal System in South Africa (?), M. 1916.
Thomas, N. W. II: Bases of numeration, M. 1917.
Thurnwald, R. I: Ethnopsychologische Studien an Südseevölkern, Z. Ang. Ps., Beiheft 1913.
Thurnwald, R. II: Psychologie des primitiven Menschen, München (1923?).
Thurnwald, R. III: Im Bismarckarchipel und auf den Salomonen. Z. f. E. 1910.
Tylor: Die Anfänge der Kultur, Leipzig, 1873.
Unterwelz, R.: In Tropensonne und Urwaldnacht, Stuttgart 1923.
Viaene, E.: Essai sur la numération de quelques peuplades du Congo Belge, B. S. B. 1918.
P. Vogt: Material zur Ethnographie und Sprache der Guayaki-Indianer, Z. f. E., 1903.
P. Vormann und W. Schmidt: Ein Beitrag zur Kenntnis der Valmansprache.
Wackernagel: Über Zahl und Ziffer, Michaelis Zeitschrift für Stenographie 1855.
Weckauf: Die Wamatumbi, Z. f. E. 1916/1917.
Werner, H.: Anthropologische, ethnologische und ethnographische Beobachtungen über die Heikum- und Kungbuschleute, Z. f. E. 1906.
Wertheimer: Über das Denken der Naturvölker, Z. Ps. 1912.
Westermann I: Grammatik der Ewesprache, Berlin 1907.
Westermann II: Die Kpelle, Göttingen 1921.
P. Winthuis, J.: Kultur- und Charakterskizzen auf der Gazellehalbinsel, A. 1912.
Witter, W. E.: Outline Grammar of the Lhota-Naga Language, Calcutta 1888.

NACHTRAG

Mauer u. Dühring: Die Zahlwörter der Lakkasprachen, M. D. S. XXXIII.
Nykl: The Quinary-Vigesimal System of Counting in Europe, Asia and America, Language II.
Klingenheben; Zu den Zählmethoden der Berbersprachen. Z. f. E. S. XVII.